Sudoku

Puzzle Book

200 sudoku puzzles to keep you challenged

Book1

All Rights Reserved

Puzzle creation and layout © 2019 puzzletreebooks

Puzzle 1
Easy

	9			2		1		
					7			4
		1		5		7	8	2
6		4			5			
2			1	6				
	3	5		8				
5			9		1		2	6
8		3			2			
								7

Puzzle 2
Easy

	8							
	3		9				4	
		5				9		
	5	3				8		
	7		5	3	6			9
		6			1			7
				5		4		
							8	
7	1	2		4	8			6

Puzzle 3
Easy

2				4		5	1	
				7	1	9		3
		8					4	
					8			2
1		3					7	9
	6			3	2	1		
3	5		6		9			
6		2						
7					3			

Puzzle 4
Easy

		9			6	1		
	6		8	2				3
		3						5
9					4			
	2		7	3				4
	5		9					
3				5			2	
	9			1		6		
			4		3			1

Puzzle 5
Easy

1	5	3			4	6		
	8				6			5
			7				3	1
3			2					
				7				
2	7				5	6	8	9
		4		2			1	
			4					3
						7		

Puzzle 6
Easy

8	6			3	1			
	1				9			
			7		8			
	7	1		8				4
			1		4	6	9	
5						7		
	4	9				1		6
		2			7		4	3
			5			2		

Puzzle 7
Easy

	7				4	6	1	
2		4						
			2					4
	1		6		5		2	
		7		2				3
	9			3		4	8	
		5	1					
6	2			5			3	
					7			

Puzzle 8
Easy

		8	3					
	6	7						
1		3	5	7				
	3	2				8	5	
			9				6	
7			6		3			2
			2		8		3	5
		6			4	2		1
	9					4		

Puzzle 9
Easy

6	4	7		2				3
	1		6					
3				4		8		
			4				7	5
	9	4	3		8		2	
	6							
				9	3		4	
			2				9	1
				7		5		2

Puzzle 10
Easy

3	9				7			4
		7		1		2		
				4				6
6			4			3		
	5	4						2
2					1		7	
4	8				3			5
		5	1					
	1				6			

Puzzle 11
Easy

6		2						
3	5		6		9			
7					3			
					8	2		
	6			3	2		1	
1		3				9		7
		8						4
			7	1		3	9	
2			4				5	1

Puzzle 12
Easy

			2		9		6	
4	9	2	5					3
7					4			5
	2						1	
						6		
6	1		7	5	8			4
		3	9			1		
					2		3	
			6					

Puzzle 13
Easy

4						2	5	
				1		9		
8	9					7		
		4	8					
2						1	3	
	8				1			4
6				9			2	7
3								
5			4	7		3		9

Puzzle 14
Easy

9	6	8		5				2
	1					8		
		5	3					6
	8							
				7	9	6		
6	4				2	5	3	
				1	4	2		
			7	2				9
					6		5	4

Puzzle 15
Easy

		3			6			
	9	8		5	3			
			2		9			
6		1				8	3	
			7					4
4					2	5		1
3		2		9		1		
		7					2	
			3		1		8	6

Puzzle 16
Easy

8	3		1			7		
1		4		8	5	6		
						4		
5			2					9
	4	2				3		
				9			5	
		1	2					
	6	3				5		
		8				9		1

Puzzle 17
Easy

			4		1	2		
			8	6	5			
	7		2					
			7	9	8			
		7	5				1	
	1							5
					9			
5	4		2	9	6			
		2	4		8	3		

Puzzle 18
Easy

2	4				1	3		
		1			7			8
7			9	5		6		
6	9			4		8		
		4	7					
							7	4
			6					5
				8				
1					5	7	9	

Puzzle 19
Easy

	2		7					
					5	6	4	
4				2				7
	1	7			8		6	3
3					9	5		1
					6			
					7	8	5	
	4						3	
				3	2		1	

Puzzle 20
Easy

9	4	2	3					5
	7		5			4		
					6		9	2
					6			
1	6		4			8	5	7
2				1				
				3		2		
								6
		3			1			9

Puzzle 21
Easy

	3	1			8	2		
			4					
8				9				
				1			7	
		4	7			9		3
7	1							
		9	8	3		1		
4					1		2	
		6			2	5		7

Puzzle 22
Easy

		5	4					8
		7		1			6	
2	1					5		
	2			4				
4			7					
9		1	6			2		
	8				4		5	
					1	7		
3		6	8			1		

Puzzle 23
Easy

		9	3		4	2		
			8	1		6		4
7					2			
	5		4			1		9
				9				7
1		4		8	6			
	3	1					5	8
9		5						
		6						1

Puzzle 24
Easy

2	9		6	4				
7				8	9			5
					7		3	
	6							2
							5	1
	4	1				8		6
	3		5					
6	5			9		1		
			4		2		6	9

Puzzle 25
Easy

							2	
	8	1		9				6
6						7		
2			9					8
	7			8		1	6	
	4			3	5			9
			5			8		
5		8						
	2			7	1		5	

Puzzle 26
Easy

9	8	2			1		7	
		4		8				
	7				2			5
				2		9	3	
2		6	5	7		1		
		8						
					9		1	3
			7		6	2		
				1		6	4	

Puzzle 27
Easy

	7				5	4	1	
5					9			
2			3					7
	9						2	
		2						6
	4				6	5	8	
					3		6	5
		5	4			9		
	2			7		3		

Puzzle 28
Easy

						9		
2	5		1	9		3		
		1	5		8	4		
				5		6	1	
				8	3	2		
	7			1				
				7	9	8		
		7	2				6	
	6							2

Puzzle 29
Easy

			6				5	4
			8	4		9		
			9		7			2
1	2	6	5					9
		8				1		
5					3			6
			7	2		6		
	6	4		9		5	3	
		1						

Puzzle 30
Easy

			5		8			
5					2		7	1
		8						5
	6			8	1	9		
		7	6					
2								
	8		2					9
6		1		7		8		
	9			4		3	5	

Puzzle 31
Easy

3		8	7				9	
	9			5				
5			1					
4		7	2				8	
	2				5			6
					8		1	
		1		8				7
9	8						6	
		6	5			2		

Puzzle 32
Easy

		3	5					
		9			4		6	
6				3		8		2
	9						1	
2				1		7		3
5						9		
9			6					4
				4		1	3	
	3				2			5

Puzzle 33
Easy

		2						9
	4							
	7		9			1		
	2	7						4
	3		2	7	8		9	
		8			5		3	
3	5	6		1	4		8	
				2				1
					4			

Puzzle 34
Easy

	7			2	5			
2			9	1				
	9	3	4					
						6		
3		8	2			9	4	
4			7	5				
6						1		
	2			3		4	7	6
	4				8			3

Puzzle 35
Easy

3			1				8	
		2		8				
5								
4					8	3	2	9
		9			4			6
2		3		5				
6	4	7			9	1		5
				1		2		
			5					

Puzzle 36
Easy

					4			5
2			6	1		4		
							7	
			1		3			
	3							1
5		6		7			3	
1				5			4	6
	2				7	1		
8		3		9		2		

Puzzle 37
Easy

		7	3		5			
				9				1
5				2		9	6	3
	3		5	8				
2		4		6				
1	8				2			
4	6				3			
								9
	2		7		5		3	8

Puzzle 38
Easy

	8					5	2	
3	6							4
		2					1	6
	4			3		9		
	2		4	7	8		3	
		7	1					
		4					5	8
9		3	6		4			2
			7					

Puzzle 39
Easy

					5			
				1		2		
2					8			9
		1				9		
	5	9	4	7	6		3	
								5
	6			3			4	
1	3	8			4		2	
				8	1	5		

Puzzle 40
Easy

8	6			9	7		1	
9						2	5	
					4			
4					3			
		1	4	5	9	8		
		9	8					6
1						3	7	
	8	7					9	
		5				1		2

Puzzle 41
Easy

		4		9				3
	1		7		5	9		
	8							1
			3			8		
				2			3	
	2		6		1	5		
	4		2	1				
		5			8		1	
9					4	3		

Puzzle 42
Easy

1			6		9	4		
3								1
	8			4				7
				2			7	
2			5		1	9		
			7			3		
8			2	1				
	9				3		1	
		4			8	7		

Puzzle 43
Easy

4		3	1					
	1			6		9		
	5				2			3
9						5		
7	3		4			2		
		4						9
8	2		3			6		
		6			1		9	
			5				3	

Puzzle 44
Easy

		3	6					1
	1					6		
				3	5		4	
							5	
6	9		2	5			7	
		2	9		4		8	
	3			2				
				9			1	2
				4	7		6	

Puzzle 45
Easy

		2	6	4				5
7	9			1				8
		1			2	3		
3								
	8					7		
		7		2			9	1
6			9	8				3
						6	1	
	1				6			

Puzzle 46
Easy

			5		8		7	3
	7	6		3		9		
		4	6					
							6	9
		7						8
9		5				2		7
	8	3	7	5				
					1		4	
	1			2	3			6

Puzzle 47
Easy

		8						
		2		3		5		
	4				5			
		7	5			4	6	2
	6		7				9	
	2	4			8			
7	1	9	6				8	3
					3			4
				8				

Puzzle 48
Easy

					5			
2		4		9			3	
	9		1					
	5			2				3
1			4		9		2	
7				3		8	6	
			2					8
	8	2						
5					8	4	1	

Puzzle 49
Easy

		7	3					
2				7				
	1	5	9					2
	8		7				4	
1		2						8
	3			1		9		
	9	6	4					1
					1			3
4					7	8		

Puzzle 50
Easy

		5	2				3	
	1			9	4	2		
	7		3			6		8
					2		8	
2		8						
	5			8		1		4
		9			1			
				5				
4	2		9			3		

Puzzle 51
Medium

	5	1						2
	6				2			
		4					6	9
			1					
				8	3			
			7			1		6
7				5				4
		6			9	3		
	2		6		7			5

Puzzle 52
Medium

	7						5	
1				3		8		
	2			1				3
				4				
		6	2	3				5
8		9			6			
6		3			2			9
4			8			6		
					1			

Puzzle 53
Medium

		1	7	2			6	
2				8				4
							5	
		7			6	5		
	9				3			
4				5				7
		9	2			7		6
			1	4			2	
					8			

Puzzle 54
Medium

				4	7	1		
8					6	4	2	
	9	5						
1				9			6	
	8		2	1				
					4	9		8
6							4	
		3						
	1			3		7		

Puzzle 55
Medium

		4			6		7	
6	5			2				
			8		7	5		
2		8		4			5	
7				1	2			
						6		3
1					9	7		
								9
		2					4	

Puzzle 56
Medium

	2	5	9				1	
		3		7				5
			8					
		8		2				7
9					8		2	
6					4			
	1	7	5					
					3			
	5			9	2		4	

Puzzle 57
Medium

				4				
9		4		2				
			3		6			
1	9							7
					5	9		
5						8		4
7			8				2	
8				9	2	5		
		6			1			9

Puzzle 58
Medium

								7
					8	1		
		7		2			5	
	6	5					3	
		4			1	5		
8			3	4				
							4	9
1				8	6	3		
2		8		5				

Puzzle 59
Medium

				8				
4		6		9		2		
7					1		4	
	9		8			6		
	5							3
8					6		1	
		7						
		4	6		9	3		
1		2		4				

Puzzle 60
Medium

			5			7	6	
					4			1
		8	6	2				9
8	2		4		3		5	
				9			7	
	5							
7	3			5				
					6			
4		5	8					

Puzzle 61
Medium

	2	7						
			9		6			3
1			8			4		6
	1			4	3			
			6				1	2
3					2	8		
		5						
	3				5			9
8						6		

Puzzle 62
Medium

	9		8					3
					6	7	8	
		7	9		4			
			6	1			9	
2		8						
	7				3		6	4
	3							6
		9	5				1	
5								

Puzzle 63
Medium

	9	4			7			
	8		9					3
6						8	7	
3			7			6		4
1	6					9		
				2	8			
				5				
			3					6
	5				9	1		

Puzzle 64
Medium

	3							3
	3			2	1	8		6
	7		9					
				8		2	3	
			3			7		1
					4			
5					2			
9			6	4			8	
	4	7		3				

Puzzle 65
Medium

9				7				2
					1		3	
			9					
			4	6				
3		2						7
	1				5		8	3
6					7		1	
7	8			5				
		3				5		6

Puzzle 66
Medium

2				4		5		8
				3				
		8	1					6
				8		2		1
7			4		5	8		
					6			
5					3		4	
		1	5					3
	7						9	

Puzzle 67
Medium

			3	8				
7	5		2					9
4							7	1
1				4			6	
					6			
	7		9					
3		2						7
				2		5	4	
	9		4				3	

Puzzle 68
Medium

7				5	4		8	
				6				
			8			1	2	
	7							3
5				9				4
		1			5	9		
2			4			8	5	
			9					
		8			1	6		

Puzzle 69
Medium

			9	6			3	
		3		7				
			5				2	7
1		4						
	8					9	7	
	9							
6					8		5	
		2	7			4		
	7	8		3			6	

Puzzle 70
Medium

2								
	4	9						
8							2	7
		6	8					5
	1			7			4	
7	8				3			6
				2	6			3
	3				7			
				5		7		1

Puzzle 71
Medium

		7			4	9	8	
		6		9				7
5			8			2		
					8	4		
	8	2	6					
		4	3		7			
						5		1
3		8					9	
							3	

Puzzle 72
Medium

					4		6	5
				3		1		
7			2		5	8		
	7	2		9	3			4
			8					6
		4						
			5					
4	3				7			
	6	9	4					

Puzzle 73
Medium

	1						5	
4								
		9	4			2		
			5	2		9		
	7			1		5	6	
3		8						
				5		8		7
	9		8				1	
		7	9		6			

Puzzle 74
Medium

8	5						4	
	9	4						6
						2		
1	6			4		8		9
4								
				5			7	
				2	5			4
		6	7				1	2
			3			9		

Puzzle 75
Medium

8			7		3			
					4			8
1		4	2					
							6	9
4	7					5		
						7		
2				5			3	
	9		4					1
3					8	4		5

Puzzle 76
Medium

	8			5			1	9
		6			9		3	
	7		1			8		
						2	6	
								4
	9	4						1
				9			5	
	5			8	4			
9	3				7			

Puzzle 77
Medium

		6	1				4	
					8			3
4			6					5
	5		2			6	9	
	4							
		1		9			7	
7								
	9					2	1	
6		5	8			9		

Puzzle 78
Medium

6		5	7				3	2
	4		9					
								7
	7						9	5
		8						
3						7	6	
7			8		9			
		6		1				
8	2			4		3		

Puzzle 79
Medium

						8		
8			2					6
				9			1	
9	2		6					
	1		9	7			4	
						3		5
5				1			6	
6		7						4
	9		5		4			

Puzzle 80
Medium

						3		
8	5						2	
	9	2						6
					5		7	
1	6				2	8		9
2								
			5		3			2
		6		7			1	3
				4		9		

Puzzle 81
Medium

3			6		9			
						7	2	
6		4			8			1
9			5				3	
						5		
		6						8
2	1				6			
			3	4			1	
		8	2					3

Puzzle 82
Medium

		3					6	5
8	1							
		6						
			6	4				7
				9		5		2
7				5				
3		5		7				4
2			5				8	
	4				3			9

Puzzle 83
Medium

					7	4	6	
	7					5		
				5	2		9	
		3	6		5			
		6						
1	8							
4					9			3
	2		8				5	
	3	5			4	7		

Puzzle 84
Medium

2	8							5
				9	4			
1			3				6	8
	7				5			2
				7				
			1				8	
8						3		4
	5	6			3			
	4		5				1	

Puzzle 85
Medium

				2			4	
	8		5			6		
		6			8		7	
	7	8			2			3
3						5		1
		9						
7					1	3		8
	5		3			9		
6								

Puzzle 86
Medium

					5	9		8
				9			7	4
			3					
3	4				9			
		1	8					
		6		2	3	5		
9			7		8		2	5
4				6				
							9	

Puzzle 87
Medium

3						6	5	
	7	8			5			
	6		7					1
2	3					7		
				4	6			
1			5			3		8
			1					3
	9				7	2		
				9				

Puzzle 88
Medium

5		6				8		
9				4				5
	2		9		8			
2	1		5					
						9	3	
	4		2	6				8
7			1			5		
							7	
				2				4

Puzzle 89
Medium

	6	3		7				
	9			2	4			
		4					7	
	4		8				2	
5				9				3
		7		3		4	5	
						6		
			6	4		5		
							8	1

Puzzle 90
Medium

6		7	5			2		
	5		4					7
		9		3			6	
			2			5	1	
		2				6		
			9		6		4	
1								
	8	3						
7			6	1				

Puzzle 91
Medium

9					2		5	7
			8	3				
1	7							4
	3				4		9	
	4	5		2				
7						2		3
				9		7		
			6					
	6			4				1

Puzzle 92
Medium

	4						8	
					4		7	3
				8	2			6
	2		5					8
7					6	9		
	9	8			7		4	
1	5							
		3						
		9	3		8			

Puzzle 93
Medium

			7					
	1			5		3		
9	3		8					6
					1			
6	5		3					
3				8	9			2
	7			9		5		
		4					2	
		8			7			9

Puzzle 94
Medium

	9		7					
					5	2	7	
			6		8	9		
	4	1						
3						7		8
8								
	2				7			4
7	3		9			6		
		6		3		5		

Puzzle 95
Medium

1								8
	3	2		7	9			4
				4				
	4					8		5
7	5		9				1	
		3					6	
		5						
4				2	8			
	9		4		3			

Puzzle 96
Medium

					3			
				5			7	1
4			9		2			5
2					8	9		
		7	2				8	
	4					6		
		5	7				3	
1				9			5	2
				8				

Puzzle 97
Medium

7				6				9
	9	8		7		4		
	2				5		8	
		9		8	3			
1	5							
		3						
				4		7	3	
			8	2			6	
	4					8		

Puzzle 98
Medium

	4				9			3
2						5		4
			3	2			7	
4			1					6
	9				7			
		6						
			4				1	7
	2		7		5		9	
3		8						

Puzzle 99
Medium

	9		7		3			6
3				6				5
		7			2	4		
		5					7	2
	6	8						9
	7				9			
				1	4			
			3			8		7
			8					

Puzzle 100
Medium

	.	7				1		
2	9		4			5		
	8						9	3
5							3	
				8				
	7	6		2	4		8	
	4		8		7			
8				6	3			
		9						

Puzzle 101
Hard

5				4			8	
6			3			7		
3		4	8					
	3			7	4	2	1	
	9	7		3				
		1		5				
							3	
	5							
9		8	5			6		2

Puzzle 102
Hard

		2	4			5		
				2		9	4	
1				9		6		
								5
		9						
6	8			5		3	2	
			5				7	
			9				1	3
8			7	1		4		9

Puzzle 103
Hard

	8		6				2	
2				5			3	
	7		9	1				
1								6
9	6							7
			2	7				5
			7	8			5	2
		1					9	
					1			

Puzzle 104
Hard

	8					6		1
			8	6	3		7	
					7			
	9				5	3		
6					4		1	
	5							
	2					9	8	6
		8		2	6			
	1		4	3				7

Puzzle 105
Hard

3								7
5	6			8	7		9	
9							2	5
							3	
		3	8	4		2		1
					9			
		9		5		4		
		1				9		6
6					1	3		

Puzzle 106
Hard

			3	4		6		9
	1							5
							1	
4			2					6
		6		9				7
3			5	1				
2	5					3		
			6	3		9		
		1				2		

Puzzle 107
Hard

					2			
		2					1	
				4	3		8	5
1	9							4
2								9
				5	4			8
	4			1	2			
5					8		6	
	3			9			5	

Puzzle 108
Hard

			3	4			1	7
						6		
6							5	
	6							2
			7	3				1
	5	2						3
	7			1			8	
		4	2				7	
		3	5	6				

Puzzle 109
Hard

	1	7				5	4	
2								
		4	7	9	8			
		3	9			7		2
		9	4				8	1
				8			3	9
				1	2	4		
	2							

Puzzle 110
Hard

	4	7	3			1		2
							3	
8								
					3	9		
					8	5	2	
9	7			6	5		8	
1					6			3
			1			6		8
	5		8					4

Puzzle 111
Hard

		3		7	4	2	1	
7		9		3				
1				5				
							3	
		5						
8	9		5			6		2
	5			4			8	
	6		3			7		
4	3		8					

Puzzle 112
Hard

	6		7			1		
		1	5	6				
		5	8				9	
						5		
		7	2	1			8	4
					7			
	7			3				
	5			9	2			
6	9				5	3	4	

Puzzle 113
Hard

				6		2		
				4		8	1	
	2	3	5	8			4	
	9			5				6
					9	5		4
		8			4			7
3		7			6	9		1
							6	
	4							

Puzzle 114
Hard

				1		6	5	4
1		2	8	4				
					9			
5	8			6				1
	9	4		7				6
		1				8	9	
			9					
7	6					5		

Puzzle 115
Hard

		3			8	7		
				7	6			3
	2				9			6
5	9			3	1			8
			8					
		6						
	5	4	6			2	7	
				4		8		
			1	2		6		

Puzzle 116
Hard

	6			4		3		
7				3			9	
1	2						8	
8	9			6	3			
			2					
				1				2
					7	2		
3	8				6			
					8	1	7	

Puzzle 117
Hard

6	7							1
8			1				7	
9				3				6
	4						8	
		6	4	5		7	3	
	3	2					6	
		8						
2	1			9	5			8
			6					

Puzzle 118
Hard

4				1	3		5	7
			4					
						8		
	9	2	8			6	7	
		4			6			
		8	1		2			
		9		4		3		
3				8	9			
8				5			2	

Puzzle 119
Hard

9			3		1			
1		5	9				7	8
6					7			
	9			4				1
5				6			2	
	2			9	5			
			6					
							9	
	6			3	2	8		4

Puzzle 120
Hard

6	7	4					1	
				4	1	6		
		5	2		8		9	
	4	9					6	
5			6	8	4			
				5				
9				2				4
							3	
	8			3			7	

Puzzle 121
Hard

4	5						7	2
			8	9	7		4	
					3			
								3
	4		3	2				
1		9		8				
8		2			4		9	
	7	3			9		1	

Puzzle 122
Hard

3				6				7
		4		5			8	
8				3	4			
							3	
5				9	8	2		6
			5					
		5			1			
		3	9		7			
	4	7	3				1	2

Puzzle 123
Hard

		1	9			7		
	2		8					4
							9	
5			8		1		2	
4	6	7					3	
				4	3	6		
				5				
2		4					6	
	5		6	1	4			

Puzzle 124
Hard

	3			7	4	2	1	
	9	7		3				
		1		5				
9		8	5			6		2
							3	
	5							
5				4			8	
6			3			7		
3		4	8					

Puzzle 125
Hard

			6	2	8	7		
				7				
8							3	6
9				5				2
		6		4		3		
5								
1						8	6	9
	8		1	6				
3			2		4		7	

Puzzle 126
Hard

6			8					2
		5		2				3
9		1	7					
			6	9			7	
2		7					5	
				1			6	
					1			9
						1		
7		8					2	5

Puzzle 127
Hard

		9						
			7					
2	1			3	6	9		
	5							9
	4	2						7
		7	5	6			8	4
3				4		7		
9			1					8
7	8					1		

Puzzle 128
Hard

	4				2	9	1	
	6				4		3	5
4	9	5			6			
				1				
			3		9	7		6
3		1				6		
5							4	2
			1					

Puzzle 129
Hard

	1				9	6		4
	2		5	3	8			
5							8	2
	5			8	1			
				9			5	4	8
							9	
		8	1				6	
	7							
	3			4			7	

Puzzle 130
Hard

6			5		1			7
3				4	2			6
		2						
4	1		7	8				
7						5	6	4
				7		2	1	
			3		6		5	
	2							

Puzzle 131
Hard

	4		2			9		
	8	9					2	
	5			1			8	
4								
			8					
	3	2		5	7		4	
		6				4		
3		1				8		
8			6	7		1		9

Puzzle 132
Hard

4	6	9				3		
			4				9	1
	3							
			2			4	5	9
7		6	1					3
	9	2			4			
	8		5				6	
			8					
	7			9		1		

Puzzle 133
Hard

	3					6	9	
			3	9	5			2
					2			
9					7			6
	8							
	4				8		5	
		3		1	9			
	6		7	5		2		
	1					9	4	3

Puzzle 134
Hard

7						1	9	
8			2				6	
	2		3			5		
6	9				7			
					5	7	2	
	1				6			
		1	9					
				1				
			5		2	8	7	

Puzzle 135
Hard

	8		9			5		
	5	6				1		
	7				1			6
5			4		3		6	9
2		9						5
		3						7
7								
	2	1	8	4		7		
				5				

Puzzle 136
Hard

2								
	9					7	5	6
	5	1	3		9			
	8		5	2			7	
	7			1	6		9	
				7	8	6		
			9			1		2
		2						

Puzzle 137
Hard

			4		3		5	
	4							
					9	1		2
4								
		5	9	8	1			
	3	8					6	5
		1		5		3		9
		2		1		4	8	

Puzzle 138
Hard

	2	3		5	8	4		
					6			2
					4	1		8
			9				4	5
		8	4				7	
	9				5		6	
						6		
	4							
3		7	6				1	9

Puzzle 139
Hard

3	1							4
9					5			2
	8				6		5	
			9				1	
			4				3	9
5	4		8					
					3	1		
				1				
4	2		5		8			

Puzzle 140
Hard

				3	9	5		
	4		1		7		8	
6	3	5					9	
		4	5	7	3			
				4				
3	8						5	
7				2			6	
		8		1				3
							2	

Puzzle 141
Hard

4								
	3	7		9	1	6		
			6					
			1	8			4	
2		3	4				8	5
				2			6	
9					6		5	
				5	4	9		
		8			7	4		

Puzzle 142
Hard

5	6	3				2		
		4	8		7	1		
				3	2			5
	7			9		6		
						9		
1				8			3	
4			5	7	3			
	3	1				5		
				4				

Puzzle 143
Hard

		2	7	8	5			
		1			6		9	3
	7					5	2	
		4						
5			1			3		
		8		9		4		
						6		
			6			9	5	7
		7		5	1			

Puzzle 144
Hard

	9							
4		8				1		2
1			4	6	5			
				5		7	6	
		9						
				8	9			1
7			6				9	4
6			1			5	8	

Puzzle 145
Hard

	7			2		3		
				7				
	6				8			4
	9							
1	3	8						9
				1		8	4	
6		3		4			9	
	8	5	1					
				5		2	8	1

Puzzle 146
Hard

9	1			4		5		
	2	8		3		4		
				5		8	4	9
					2			
5		6	1	8				
3	4						9	
			2					
		5					1	2

Puzzle 147
Hard

1		7					9	
				8				
	8		9	4	7			
8			5		4		1	
				7	2	9		
7	9	3					2	
	1			5				7
		4		6			3	
							6	

Puzzle 148
Hard

	5			2			9	
				1			3	4
	6		5					8
	3				4			
	8	5					1	2
4								
		1	3	9				
		9	4					
		8					5	1

Puzzle 149
Hard

3	5	6					2	
4			7	8			1	
			2		3	5		
							9	
	1				8			3
		7			9		6	
				4				
	4		3	5	7			
1		3					5	

Puzzle 150
Hard

1					5			
					9		2	6
4		5			2			
		2					1	4
6			7				9	
		3	6					5
			9		6		3	2
				1				
	1		4					

Puzzle 151
Extreme

						9		
	5		8	4			3	
1	4		5	7				
					8		4	
	2	8				6		
		4				2		
				3		7		
			1		6			
3	1		4					9

Puzzle 152
Extreme

		5		6				
9	1							
	3		8			1		5
	7	3			5	4		
	4	6				3		1
				8				
7					3			
				9		2	7	
				2			3	

Puzzle 153
Extreme

				3	8	1		5
	8					6		
				7	5		4	
8		5						
2				5	3			1
				1				4
	5				4			
6		2	9				7	
								9

Puzzle 154
Extreme

4								
	2			4		9		1
					5		6	
8			6		7			9
						6		3
5			8					
	5		2		6			
		1					3	
6		8	7		3			

Puzzle 155
Extreme

		6						
6				4	2	3		
		7						8
					8	5		
	1		7					
	8	9	1				2	
	4	8			7			
				3				5
	9	5	8	1				

Puzzle 156
Extreme

							2	5
		7	5		6		8	
		4	7					
1				3			9	8
		3						
					4	5		
4			1		5			
	7	5	6		2			
	9					2		

Puzzle 157
Extreme

3					1			
				3			8	
8	1				6			
						5	6	
	5	2	9			3		
					7			2
				9				
	4			2		8		3
	3	5				4		7

Puzzle 158
Extreme

							1	8
4			8		5			6
	2					5		
		5	7			6		3
			6		8	2		7
	4							
	9			6				
		6					3	
	1		9	3				

Puzzle 159
Extreme

						7		4
	6			9				
	9		8	7				1
		6	7	3				
2							4	
9	7		4	8				
	5							
		3			5	1		2
			6				7	

Puzzle 160
Extreme

							3	4
	3	8		7			9	
			5			8		
	2				8	9	6	
	9	3				5	2	
			7					
9			1					
					9			6
6	1		4					

Puzzle 161
Extreme

6						5		
	1	9		2				4
			4					
			6		8	3	7	
3					1			
				5		6	2	
	9		8			7	6	
			5				8	
	3	6						

Puzzle 162
Extreme

1		6					7	3
8				3				
	5						9	6
			3		6			
		1	2				6	7
		5					1	
		4						
				6				5
	9		8		2	4		

Puzzle 163
Extreme

3		9				2		4
8		2					5	
					9			7
	6		7	1			8	
		5			2			
						6		
4						5		
2		3	1			4		
			9	2				

Puzzle 164
Extreme

	7							4
			2	5				
6	5		8					7
4					5			
		3	9	8		1		
								3
5	1					4		
2	6						7	5
					2		9	

Puzzle 165
Extreme

	1		8	9				3
					5		4	
		3						
		7		8		5	6	
			5	2				
		4				7		
	4					1	5	
9					2			
7		5				6	2	

Puzzle 166
Extreme

	6		8					
		4				7	5	
5	2					1	8	
				5	8			
2					3	5	1	
4						2		
		7		3	6			9
9								
			5				4	

Puzzle 167
Extreme

			8	4			7	9
			3	7		6		
		4						2
1	2				5	3		
		7		6				
							5	
	1		7	8			9	
7	4							
			9				6	

Puzzle 168
Extreme

		1			8	3		9
9				6				
	5	3						
6		2				1		3
				8				
1		7			9	2		
				4			1	
	7				1			
				5		4	7	

Puzzle 169
Extreme

8	1			6				
3				1				
			3					8
	5	2			9		3	
				7		2		
							5	6
	4		2			3	8	
	3	5				7	4	
				9				

Puzzle 170
Extreme

	1				7			
		7				4		
	2			1	4			
5			6	9			7	
	3							6
						2	9	
	5							
		6		8			4	7
			9	7			8	3

Puzzle 171
Extreme

4			7					
					2			7
					9		2	4
	8	3				1	7	
	4	7	6				8	
					5			
	7			5		6	1	
9	1							
		6			3			

Puzzle 172
Extreme

			5			3		
4		8						7
9		5				1	8	
8		9		2			1	
1							7	
				5	8			
							6	
		7	8					
	6			3	2			4

Puzzle 173
Extreme

			8	4			7	9
	4							2
			3	7		6		
4		7						
1			7	8			9	
			9				6	
2		1			5	3		
							5	
	7			6				

Puzzle 174
Extreme

				6			8	
	7	3			2			
	4	8	3	5				
						8		3
	3	4	5			1		
	5		2					
		2					3	
9					7	6		1
			9					

Puzzle 175
Extreme

		9	7			8	5	
1		8				4	9	
					6			
				8				5
	5	2			3			
	8				2			
					4	7		
							1	3
7		1	6				8	

Puzzle 176
Extreme

		3				1		
			2	6			5	
			7	3		8		6
	9		6	7				8
			8					5
6	3							
		6		5				
9	1				4		2	
								4

Puzzle 177
Extreme

						1		7
9					3			
3				2	1			4
	9			1	6			
		5					7	
1		3		7	2			
				9			1	
8								
	6		8			4		5

Puzzle 178
Extreme

	1		2	3			4	
2	7							
			4				9	
		7						5
			3	7			2	4
			6	2		9		
1	5				8	6		
		2		9				
							8	

Puzzle 179
Extreme

5				7			4	3
		7						
					8	9		
	2	9	1		6			
	4					6		
8			5		9			
		2	9		1		3	
		8	2					
							6	9

Puzzle 180
Extreme

	8				6	7	4	
	7	9				3	8	
			5					
					7			4
4	1		2					
7			1					
	9	6		5			7	
			3			6		
							9	2

Puzzle 181
Extreme

		7	5	6			9	
9								
					2	1		
	6				8			
		1				2		7
2	4					8		3
1								4
			2	8				
4				5		3		2

Puzzle 182
Extreme

4			9		1		2	
	5			6				
						4		
	7	6			9	8		
			6		3			
		8				5		
	3	7				6		8
	6	2					5	
				3				1

Puzzle 183
Extreme

		6	1	8				
3						8		
		1		3				
2			4				8	3
		9						
			3		5		4	7
	9		5		2		3	
						6	5	
		7						2

Puzzle 184
Extreme

						5		7
		6		2	5	3		
8							2	
6								
	2				4	9	3	
				5	3	4	8	
7			9		1			
1			3					
	3							9

Puzzle 185
Extreme

9								
	1				3	8	2	
				4	2	3	7	
5			2					
	2							8
6			8		5			
		9		1	4	2		
7							1	
					4			6

Puzzle 186
Extreme

	9							
			3		7	5	1	
4			8		5	3		
	7				4			
		9	5			1	4	
			1	6				
5				8				
	2							5
	6					2		8

Puzzle 187
Extreme

				5	8			
		1			2		5	3
		4					1	
	7			2	6	9		
		9						
			5					4
	4						7	5
1		5					3	8
6			8					

Puzzle 188
Extreme

				5				
4		2				8	3	
		3	6			2	9	
							4	7
				8		6		
6		4			5		2	
			2					9
	2			1				
	9	1		7				

Puzzle 189
Extreme

			9		5	4	1	
			4		8			3
9							7	
4			3					
						6		
	2	7		6				8
				1	3			
		2	5		4	1		
	4	9						

Puzzle 190
Extreme

							6	
		7			8			
	6		3	2				4
9		5				1	8	
					5	3		
4		8						7
			5	8				
8		9	2				1	
1							7	

Puzzle 191
Extreme

	9		7			1	6	
2								3
				9				
		5		2				
4		3		5			1	
						3	8	
3		7	2					
					6			8
8		4		3	5			

Puzzle 192
Extreme

	6							
				7			8	
		4	6			2		3
3							5	
		7		8	4			
1	8			5	9			
	1			9	8			2
	7				1			
						8		5

Puzzle 193
Extreme

	3				9			
		6				3		
		7				9	6	
		1						
			8	4			3	5
	2		3	9			4	
				5	7			
		8	2					
1				3			5	2

Puzzle 194
Extreme

						8		
		3	4		7		9	
	1	4	6		3			
7		2				5		
4						2		
				7			4	
			9			6		
				5	1			
	9	1			4			8

Puzzle 195
Extreme

	6			8		5	2	
8								
					9			3
	9		6		3			
3		1	4		7			
		5						7
1			3		4	2		
9			1					
						7	3	

Puzzle 196
Extreme

				2	5		8	1
			4				5	7
	8			6				
					9			
3		6	7			9		
	5						4	
5		8						
					4			2
		3			2		1	5

Puzzle 197
Extreme

					9			3
	3						1	
1	9						7	
3		5	4	8				
4			9	3				2
							6	
5		2	3			6		
			5		7			
				2			8	

Puzzle 198
Extreme

		2	4	5			1	
	4	8						
			1				3	
			5	8			4	1
			7	4		3		
8								6
	2	6			9	7		
4				3				
							9	

Puzzle 199
Extreme

		4			7			
				1			7	
				2		1	4	
4	7				6	8		
				5				
8	3					7		9
7			5			9		6
9		2						
	6			3				

Puzzle 200
Extreme

8		2						
			4					1
5			2	3				4
	8					6		
			3	8		4		2
			7	2			1	
	2			1				
								9
6		5			9		7	

SOLUTIONS

Solution for Puzzle 1

7	9	8	4	2	6	1	5	3
3	5	2	8	1	7	9	6	4
4	6	1	3	5	9	7	8	2
6	8	4	7	9	5	2	3	1
2	7	9	1	6	3	5	4	8
1	3	5	2	8	4	6	7	9
5	4	7	9	3	1	8	2	6
8	1	3	6	7	2	4	9	5
9	2	6	5	4	8	3	1	7

Solution for Puzzle 2

9	8	7	1	2	4	6	3	5
6	3	1	9	7	5	2	4	8
4	2	5	8	6	3	9	7	1
1	5	3	2	9	7	8	6	4
8	7	4	5	3	6	1	2	9
2	9	6	4	8	1	3	5	7
3	6	8	7	5	9	4	1	2
5	4	9	6	1	2	7	8	3
7	1	2	3	4	8	5	9	6

Solution for Puzzle 3

2	3	7	9	4	6	5	1	8
5	4	6	8	7	1	9	2	3
9	1	8	3	2	5	7	4	6
4	7	5	1	9	8	6	3	2
1	2	3	5	6	4	8	7	9
8	6	9	7	3	2	1	5	4
3	5	4	6	1	9	2	8	7
6	8	2	4	5	7	3	9	1
7	9	1	2	8	3	4	6	5

Solution for Puzzle 4

5	4	9	3	7	6	2	1	8
7	6	1	8	2	5	9	4	3
2	8	3	1	4	9	7	6	5
9	3	7	5	6	4	1	8	2
8	2	6	7	3	1	5	9	4
1	5	4	9	8	2	3	7	6
3	1	8	6	5	7	4	2	9
4	9	5	2	1	8	6	3	7
6	7	2	4	9	3	8	5	1

Solution for Puzzle 5

1	5	3	8	9	4	7	6	2
7	8	2	1	3	6	9	4	5
4	6	9	7	5	2	8	3	1
3	4	6	2	8	9	1	5	7
8	9	5	6	7	1	3	2	4
2	7	1	3	4	5	6	8	9
6	3	4	9	2	7	5	1	8
5	1	7	4	6	8	2	9	3
9	2	8	5	1	3	4	7	6

Solution for Puzzle 6

8	6	4	2	3	1	9	5	7
7	1	5	4	6	9	3	8	2
2	9	3	7	5	8	4	6	1
9	7	1	6	8	5	2	3	4
3	2	8	1	7	4	6	9	5
4	5	6	3	9	2	7	1	8
5	4	9	8	2	3	1	7	6
6	8	2	9	1	7	5	4	3
1	3	7	5	4	6	8	2	9

Solution for Puzzle 7

9	7	3	5	8	4	6	1	2
2	5	4	9	1	6	3	7	8
1	8	6	2	7	3	5	9	4
3	1	8	6	4	5	9	2	7
4	6	7	8	2	9	1	5	3
5	9	2	7	3	1	4	8	6
7	3	5	1	6	2	8	4	9
6	2	9	4	5	8	7	3	1
8	4	1	3	9	7	2	6	5

Solution for Puzzle 8

5	2	8	3	6	9	7	1	4
9	6	7	8	4	1	5	2	3
1	4	3	5	7	2	9	8	6
6	3	2	4	1	7	8	5	9
8	1	4	9	2	5	3	6	7
7	5	9	6	8	3	1	4	2
4	7	1	2	9	8	6	3	5
3	8	6	7	5	4	2	9	1
2	9	5	1	3	6	4	7	8

Solution for Puzzle 9

6	4	7	8	2	5	9	1	3
8	1	9	6	3	7	2	5	4
3	5	2	9	4	1	8	6	7
1	2	8	4	6	9	3	7	5
7	9	4	3	5	8	1	2	6
5	6	3	7	1	2	4	8	9
2	7	1	5	9	3	6	4	8
4	3	5	2	8	6	7	9	1
9	8	6	1	7	4	5	3	2

Solution for Puzzle 10

3	9	6	8	2	7	5	1	4
8	4	7	6	1	5	2	3	9
5	2	1	3	4	9	7	8	6
6	7	8	4	9	2	3	5	1
1	5	4	7	3	8	6	9	2
2	3	9	5	6	1	4	7	8
4	8	2	9	7	3	1	6	5
7	6	5	1	8	4	9	2	3
9	1	3	2	5	6	8	4	7

Solution for Puzzle 11

6	8	2	4	5	7	1	3	9
3	5	4	6	1	9	7	2	8
7	9	1	2	8	3	5	4	6
4	7	5	1	9	8	2	6	3
8	6	9	7	3	2	4	1	5
1	2	3	5	6	4	9	8	7
9	1	8	3	2	5	6	7	4
5	4	6	8	7	1	3	9	2
2	3	7	9	4	6	8	5	1

Solution for Puzzle 12

5	3	8	2	7	9	4	6	1
4	9	2	5	6	1	8	7	3
7	6	1	3	8	4	2	9	5
3	2	5	4	9	6	7	1	8
8	7	4	1	2	3	6	5	9
6	1	9	7	5	8	3	2	4
2	5	3	9	4	7	1	8	6
9	4	6	8	1	2	5	3	7
1	8	7	6	3	5	9	4	2

Solution for Puzzle 13

4	1	6	8	9	7	2	5	3
7	3	2	5	1	4	9	8	6
8	9	5	6	3	2	7	4	1
1	5	4	7	8	3	6	9	2
2	6	7	9	4	5	1	3	8
9	8	3	2	6	1	5	7	4
6	4	1	3	5	9	8	2	7
3	7	9	1	2	8	4	6	5
5	2	8	4	7	6	3	1	9

Solution for Puzzle 14

9	6	8	4	5	1	3	7	2
4	1	3	2	6	7	8	9	5
2	7	5	3	9	8	4	1	6
5	8	7	6	4	3	9	2	1
3	2	1	5	7	9	6	4	8
6	4	9	1	8	2	5	3	7
7	5	6	9	1	4	2	8	3
8	3	4	7	2	5	1	6	9
1	9	2	8	3	6	7	5	4

Solution for Puzzle 15

7	2	3	1	8	6	4	5	9
1	9	8	4	5	3	2	6	7
5	4	6	2	7	9	3	1	8
6	7	1	9	4	5	8	3	2
2	3	5	7	1	8	6	9	4
4	8	9	6	3	2	5	7	1
3	6	2	8	9	7	1	4	5
8	1	7	5	6	4	9	2	3
9	5	4	3	2	1	7	8	6

Solution for Puzzle 16

8	3	9	1	6	4	7	2	5
1	2	4	7	8	5	6	9	3
6	7	5	9	3	2	4	1	8
5	8	6	2	7	3	1	4	9
9	4	2	6	5	1	3	8	7
3	1	7	4	9	8	2	5	6
7	9	1	5	2	6	8	3	4
4	6	3	8	1	9	5	7	2
2	5	8	3	4	7	9	6	1

Solution for Puzzle 17

3	9	8	7	4	5	1	2	6
1	2	4	9	8	6	5	7	3
6	7	5	3	2	1	4	9	8
2	5	6	1	7	9	8	3	4
8	3	7	5	6	4	2	1	9
4	1	9	8	3	2	7	6	5
7	8	1	6	5	3	9	4	2
5	4	3	2	9	7	6	8	1
9	6	2	4	1	8	3	5	7

Solution for Puzzle 18

2	4	9	8	6	1	3	5	7
5	6	1	2	3	7	9	4	8
7	3	8	9	5	4	6	1	2
6	9	7	5	4	2	8	3	1
3	5	4	7	1	8	2	6	9
8	1	2	3	9	6	5	7	4
4	2	3	6	7	9	1	8	5
9	7	5	1	8	3	4	2	6
1	8	6	4	2	5	7	9	3

Solution for Puzzle 19

6	2	1	7	8	4	3	9	5
8	7	3	1	9	5	6	4	2
4	9	5	6	2	3	1	8	7
9	1	7	2	5	8	4	6	3
3	8	6	4	7	9	5	2	1
2	5	4	3	1	6	9	7	8
1	3	2	9	4	7	8	5	6
7	4	8	5	6	1	2	3	9
5	6	9	8	3	2	7	1	4

Solution for Puzzle 20

9	4	2	3	7	8	1	6	5
6	7	1	5	9	2	4	8	3
3	5	8	1	6	4	9	7	2
7	8	4	9	5	6	3	2	1
1	6	9	4	2	3	8	5	7
2	3	5	8	1	7	6	9	4
4	9	6	7	3	5	2	1	8
8	1	7	2	4	9	5	3	6
5	2	3	6	8	1	7	4	9

Solution for Puzzle 21

6	3	1	5	7	8	2	9	4
9	5	7	4	2	6	3	8	1
8	4	2	1	9	3	7	6	5
3	9	5	2	1	4	6	7	8
2	6	4	7	8	5	9	1	3
7	1	8	3	6	9	4	5	2
5	2	9	8	3	7	1	4	6
4	7	3	6	5	1	8	2	9
1	8	6	9	4	2	5	3	7

Solution for Puzzle 22

6	3	5	4	2	7	9	1	8
8	9	7	5	1	3	4	6	2
2	1	4	9	8	6	5	7	3
7	2	8	1	4	9	6	3	5
4	6	3	7	5	2	8	9	1
9	5	1	6	3	8	2	4	7
1	8	9	2	7	4	3	5	6
5	4	2	3	6	1	7	8	9
3	7	6	8	9	5	1	2	4

Solution for Puzzle 23

6	1	9	3	7	4	2	8	5
5	2	3	8	1	9	6	7	4
7	4	8	6	5	2	9	1	3
8	5	7	4	2	3	1	6	9
3	6	2	5	9	1	8	4	7
1	9	4	7	8	6	5	3	2
2	3	1	9	6	7	4	5	8
9	7	5	1	4	8	3	2	6
4	8	6	2	3	5	7	9	1

Solution for Puzzle 24

2	9	3	6	4	5	7	1	8
7	1	4	3	8	9	6	2	5
5	8	6	1	2	7	9	3	4
3	6	5	8	7	1	4	9	2
8	2	7	9	6	4	3	5	1
9	4	1	2	5	3	8	7	6
4	3	9	5	1	6	2	8	7
6	5	2	7	9	8	1	4	3
1	7	8	4	3	2	5	6	9

Solution for Puzzle 25

7	5	3	6	1	8	9	2	4
4	8	1	7	9	2	5	3	6
6	9	2	4	5	3	7	8	1
2	1	5	9	6	7	3	4	8
3	7	9	2	8	4	1	6	5
8	4	6	1	3	5	2	7	9
1	3	7	5	4	6	8	9	2
5	6	8	3	2	9	4	1	7
9	2	4	8	7	1	6	5	3

Solution for Puzzle 26

9	8	2	3	5	1	4	7	6
6	5	4	9	8	7	3	2	1
1	7	3	4	6	2	8	9	5
5	4	1	6	2	8	9	3	7
2	9	6	5	7	3	1	8	4
7	3	8	1	9	4	5	6	2
8	6	5	2	4	9	7	1	3
4	1	9	7	3	6	2	5	8
3	2	7	8	1	5	6	4	9

Solution for Puzzle 27

3	7	8	6	2	5	4	1	9
5	1	4	7	8	9	6	3	2
2	6	9	3	4	1	8	5	7
6	9	3	8	5	7	1	2	4
8	5	2	1	3	4	7	9	6
7	4	1	2	9	6	5	8	3
4	8	7	9	1	3	2	6	5
1	3	5	4	6	2	9	7	8
9	2	6	5	7	8	3	4	1

Solution for Puzzle 28

7	8	6	3	2	4	9	5	1
2	5	4	1	9	7	3	8	6
9	3	1	5	6	8	4	2	7
4	9	8	7	5	2	6	1	3
6	1	5	9	8	3	2	7	4
3	7	2	4	1	6	5	9	8
1	2	3	6	7	9	8	4	5
8	4	7	2	3	5	1	6	9
5	6	9	8	4	1	7	3	2

Solution for Puzzle 29

9	8	2	3	6	1	7	5	4
6	7	5	8	4	2	9	1	3
4	1	3	9	5	7	8	6	2
1	2	6	5	8	4	3	7	9
3	4	8	6	7	9	1	2	5
5	9	7	2	1	3	4	8	6
8	3	9	7	2	5	6	4	1
2	6	4	1	9	8	5	3	7
7	5	1	4	3	6	2	9	8

Solution for Puzzle 30

1	7	4	5	6	8	2	9	3
5	3	6	9	2	4	7	1	8
9	2	8	1	3	7	4	6	5
3	6	5	4	8	1	9	2	7
8	1	7	6	9	2	5	3	4
2	4	9	7	5	3	1	8	6
4	8	3	2	1	5	6	7	9
6	5	1	3	7	9	8	4	2
7	9	2	8	4	6	3	5	1

Solution for Puzzle 31

3	6	8	7	4	2	1	9	5
1	9	2	8	5	3	6	7	4
5	7	4	1	6	9	8	2	3
4	1	7	2	3	6	5	8	9
8	2	3	9	1	5	7	4	6
6	5	9	4	7	8	3	1	2
2	3	1	6	8	4	9	5	7
9	8	5	3	2	7	4	6	1
7	4	6	5	9	1	2	3	8

Solution for Puzzle 32

8	2	3	7	5	6	4	9	1
1	5	9	2	8	4	3	6	7
6	7	4	9	3	1	8	5	2
3	9	7	4	2	8	5	1	6
2	8	6	5	1	9	7	4	3
5	4	1	3	6	7	9	2	8
9	1	5	6	7	3	2	8	4
7	6	2	8	4	5	1	3	9
4	3	8	1	9	2	6	7	5

Solution for Puzzle 33

1	6	2	4	8	7	3	5	9
9	4	3	5	6	1	7	2	8
8	7	5	9	3	2	1	4	6
5	2	7	6	9	3	8	1	4
4	3	1	2	7	8	6	9	5
6	9	8	1	4	5	2	3	7
3	5	6	7	1	4	9	8	2
7	8	4	3	2	9	5	6	1
2	1	9	8	5	6	4	7	3

Solution for Puzzle 34

1	7	4	3	2	5	8	6	9
2	8	6	9	1	7	3	5	4
5	9	3	4	8	6	7	1	2
7	1	2	8	9	4	6	3	5
3	5	8	2	6	1	9	4	7
4	6	9	7	5	3	2	8	1
6	3	7	5	4	2	1	9	8
8	2	5	1	3	9	4	7	6
9	4	1	6	7	8	5	2	3

Solution for Puzzle 35

3	9	6	1	7	5	4	8	2
7	1	2	4	8	6	9	5	3
5	8	4	3	9	2	7	6	1
4	5	1	7	6	8	3	2	9
8	7	9	2	3	4	5	1	6
2	6	3	9	5	1	8	7	4
6	4	7	8	2	9	1	3	5
9	3	5	6	1	7	2	4	8
1	2	8	5	4	3	6	9	7

Solution for Puzzle 36

3	9	8	7	2	4	6	1	5
2	5	7	6	1	9	4	8	3
6	4	1	8	3	5	9	7	2
7	8	2	1	4	3	5	6	9
9	3	4	5	8	6	7	2	1
5	1	6	9	7	2	8	3	4
1	7	9	2	5	8	3	4	6
4	2	5	3	6	7	1	9	8
8	6	3	4	9	1	2	5	7

Solution for Puzzle 37

6	9	7	1	3	8	5	2	4
3	4	2	6	5	9	7	8	1
5	1	8	4	2	7	9	6	3
7	3	9	5	8	4	2	1	6
2	5	4	3	6	1	8	9	7
1	8	6	9	7	2	3	4	5
4	6	5	8	9	3	1	7	2
8	7	3	2	1	6	4	5	9
9	2	1	7	4	5	6	3	8

Solution for Puzzle 38

4	8	1	9	6	7	5	2	3
3	6	5	8	2	1	7	9	4
7	9	2	3	4	5	8	1	6
1	4	6	5	3	2	9	8	7
5	2	9	4	7	8	6	3	1
8	3	7	1	9	6	2	4	5
6	7	4	2	1	9	3	5	8
9	5	3	6	8	4	1	7	2
2	1	8	7	5	3	4	6	9

Solution for Puzzle 39

6	9	7	2	4	5	3	1	8
5	8	3	9	1	7	2	6	4
2	1	4	3	6	8	7	5	9
4	2	1	8	5	3	9	7	6
8	5	9	4	7	6	1	3	2
3	7	6	1	2	9	4	8	5
9	6	5	7	3	2	8	4	1
1	3	8	5	9	4	6	2	7
7	4	2	6	8	1	5	9	3

Solution for Puzzle 40

8	6	2	5	9	7	4	1	3
9	7	4	3	6	1	2	5	8
5	1	3	2	8	4	7	6	9
4	5	8	6	7	3	9	2	1
6	2	1	4	5	9	8	3	7
7	3	9	8	1	2	5	4	6
1	4	6	9	2	8	3	7	5
2	8	7	1	3	5	6	9	4
3	9	5	7	4	6	1	8	2

Solution for Puzzle 41

5	7	4	1	9	6	2	8	3
3	1	2	7	8	5	9	6	4
6	8	9	4	3	2	7	5	1
1	9	6	3	5	7	8	4	2
4	5	7	8	2	9	1	3	6
8	2	3	6	4	1	5	7	9
7	4	8	2	1	3	6	9	5
2	3	5	9	6	8	4	1	7
9	6	1	5	7	4	3	2	8

Solution for Puzzle 42

1	2	7	6	3	9	4	5	8
3	4	5	8	7	2	6	9	1
6	8	9	1	4	5	2	3	7
9	6	8	3	2	4	1	7	5
2	7	3	5	8	1	9	6	4
4	5	1	7	9	6	3	8	2
8	3	6	2	1	7	5	4	9
7	9	2	4	5	3	8	1	6
5	1	4	9	6	8	7	2	3

Solution for Puzzle 43

4	9	3	1	8	5	7	2	6
2	1	8	7	6	3	9	5	4
6	5	7	9	4	2	1	8	3
9	8	2	6	3	7	5	4	1
7	3	1	4	5	9	2	6	8
5	6	4	2	1	8	3	7	9
8	2	5	3	9	4	6	1	7
3	7	6	8	2	1	4	9	5
1	4	9	5	7	6	8	3	2

Solution for Puzzle 44

4	8	3	6	7	9	5	2	1
9	1	5	4	8	2	6	3	7
2	6	7	1	3	5	9	4	8
3	4	1	7	6	8	2	5	9
6	9	8	2	5	3	1	7	4
5	7	2	9	1	4	3	8	6
7	3	6	8	2	1	4	9	5
8	5	4	3	9	6	7	1	2
1	2	9	5	4	7	8	6	3

Solution for Puzzle 45

8	3	2	6	4	9	1	7	5
7	9	6	5	1	3	4	2	8
5	4	1	8	7	2	3	6	9
3	2	5	1	9	7	8	4	6
1	8	9	4	6	5	7	3	2
4	6	7	3	2	8	5	9	1
6	7	4	9	8	1	2	5	3
9	5	8	2	3	4	6	1	7
2	1	3	7	5	6	9	8	4

Solution for Puzzle 46

2	9	1	5	4	8	6	7	3
8	7	6	1	3	2	9	5	4
3	5	4	6	9	7	8	2	1
1	2	8	3	7	5	4	6	9
6	4	7	2	1	9	5	3	8
9	3	5	8	6	4	2	1	7
4	8	3	7	5	6	1	9	2
7	6	2	9	8	1	3	4	5
5	1	9	4	2	3	7	8	6

Solution for Puzzle 47

5	7	8	4	2	6	9	3	1
6	9	2	8	3	1	5	4	7
3	4	1	9	7	5	8	2	6
8	3	7	5	1	9	4	6	2
1	6	5	7	4	2	3	9	8
9	2	4	3	6	8	1	7	5
7	1	9	6	5	4	2	8	3
2	8	6	1	9	3	7	5	4
4	5	3	2	8	7	6	1	9

Solution for Puzzle 48

8	1	6	3	7	5	2	4	9
2	7	4	8	9	6	5	3	1
3	9	5	1	4	2	6	8	7
4	5	8	6	2	7	1	9	3
1	6	3	4	8	9	7	2	5
7	2	9	5	3	1	8	6	4
6	4	1	2	5	3	9	7	8
9	8	2	7	1	4	3	5	6
5	3	7	9	6	8	4	1	2

Solution for Puzzle 49

9	6	7	3	8	2	5	1	4
2	4	3	1	7	5	6	8	9
8	1	5	9	6	4	7	3	2
6	8	9	7	2	3	1	4	5
1	7	2	5	4	9	3	6	8
5	3	4	8	1	6	9	2	7
3	9	6	4	5	8	2	7	1
7	2	8	6	9	1	4	5	3
4	5	1	2	3	7	8	9	6

Solution for Puzzle 50

8	4	5	2	7	6	9	3	1
3	1	6	8	9	4	2	5	7
9	7	2	3	1	5	6	4	8
1	6	4	5	3	2	7	8	9
2	9	8	1	4	7	5	6	3
7	5	3	6	8	9	1	2	4
5	3	9	4	2	1	8	7	6
6	8	1	7	5	3	4	9	2
4	2	7	9	6	8	3	1	5

Solution for Puzzle 51

8	5	1	9	7	6	4	3	2
9	6	7	4	3	2	5	1	8
2	3	4	5	1	8	7	6	9
4	7	9	1	6	5	2	8	3
6	1	5	2	8	3	9	4	7
3	8	2	7	9	4	1	5	6
7	9	8	3	5	1	6	2	4
5	4	6	8	2	9	3	7	1
1	2	3	6	4	7	8	9	5

Solution for Puzzle 52

3	7	4	6	8	9	2	5	1
1	6	5	3	2	4	8	9	7
9	2	8	7	1	5	4	6	3
5	1	2	9	4	7	3	8	6
7	4	6	2	3	8	9	1	5
8	3	9	1	5	6	7	2	4
6	8	3	5	7	2	1	4	9
4	5	1	8	9	3	6	7	2
2	9	7	4	6	1	5	3	8

Solution for Puzzle 53

5	8	1	7	2	4	3	6	9
2	3	6	5	8	9	1	7	4
9	7	4	3	6	1	2	5	8
8	2	7	4	1	6	5	9	3
6	9	5	8	7	3	4	1	2
4	1	3	9	5	2	6	8	7
1	5	9	2	3	8	7	4	6
3	6	8	1	4	7	9	2	5
7	4	2	6	9	5	8	3	1

Solution for Puzzle 54

3	6	2	9	4	7	1	8	5
8	7	1	3	5	6	4	2	9
4	9	5	8	2	1	6	3	7
1	5	4	7	9	8	3	6	2
9	8	6	2	1	3	5	7	4
2	3	7	5	6	4	9	1	8
6	2	9	1	7	5	8	4	3
7	4	3	6	8	9	2	5	1
5	1	8	4	3	2	7	9	6

Solution for Puzzle 55

9	8	4	1	5	6	3	7	2
6	5	7	3	2	4	9	8	1
3	2	1	8	9	7	5	6	4
2	6	8	9	4	3	1	5	7
7	3	5	6	1	2	4	9	8
4	1	9	5	7	8	6	2	3
1	4	6	2	8	9	7	3	5
8	7	3	4	6	5	2	1	9
5	9	2	7	3	1	8	4	6

Solution for Puzzle 56

7	2	5	9	4	6	3	1	8
4	8	3	2	7	1	6	9	5
1	6	9	8	3	5	2	7	4
5	4	8	3	2	9	1	6	7
9	7	1	4	6	8	5	2	3
6	3	2	1	5	7	4	8	9
2	1	7	5	8	4	9	3	6
8	9	4	6	1	3	7	5	2
3	5	6	7	9	2	8	4	1

Solution for Puzzle 57

6	3	5	9	4	8	2	7	1
9	8	4	1	2	7	3	6	5
2	7	1	3	5	6	4	9	8
1	9	2	4	8	3	6	5	7
3	4	8	6	7	5	9	1	2
5	6	7	2	1	9	8	3	4
7	5	9	8	6	4	1	2	3
8	1	3	7	9	2	5	4	6
4	2	6	5	3	1	7	8	9

Solution for Puzzle 58

4	1	3	5	6	9	2	8	7
9	5	2	7	3	8	1	6	4
6	8	7	1	2	4	9	5	3
7	6	5	8	9	2	4	3	1
3	2	4	6	7	1	5	9	8
8	9	1	3	4	5	6	7	2
5	3	6	2	1	7	8	4	9
1	7	9	4	8	6	3	2	5
2	4	8	9	5	3	7	1	6

Solution for Puzzle 59

9	2	5	4	8	7	1	3	6
4	1	6	5	9	3	2	8	7
7	3	8	2	6	1	9	4	5
2	9	1	8	3	5	6	7	4
6	5	7	1	2	4	8	9	3
8	4	3	9	7	6	5	1	2
3	8	9	7	5	2	4	6	1
5	7	4	6	1	9	3	2	8
1	6	2	3	4	8	7	5	9

Solution for Puzzle 60

2	4	3	5	1	9	7	6	8
6	7	9	3	8	4	5	2	1
5	1	8	6	2	7	4	3	9
8	2	1	4	7	3	9	5	6
3	6	4	1	9	5	8	7	2
9	5	7	2	6	8	1	4	3
7	3	6	9	5	1	2	8	4
1	8	2	7	4	6	3	9	5
4	9	5	8	3	2	6	1	7

Solution for Puzzle 61

6	2	7	3	1	4	5	9	8
5	8	4	9	2	6	1	7	3
1	9	3	8	5	7	4	2	6
2	1	8	5	4	3	9	6	7
4	5	9	6	7	8	3	1	2
3	7	6	1	9	2	8	4	5
9	6	5	2	8	1	7	3	4
7	3	1	4	6	5	2	8	9
8	4	2	7	3	9	6	5	1

Solution for Puzzle 62

6	9	2	8	7	1	4	5	3
1	4	5	3	6	2	7	8	9
3	8	7	9	5	4	6	2	1
4	5	3	6	1	8	2	9	7
2	6	8	4	9	7	1	3	5
9	7	1	2	3	5	8	6	4
8	3	4	1	2	9	5	7	6
7	2	9	5	4	6	3	1	8
5	1	6	7	8	3	9	4	2

Solution for Puzzle 63

5	9	4	8	3	7	2	6	1
7	8	1	9	6	2	5	4	3
6	3	2	4	1	5	8	7	9
3	2	5	7	9	1	6	8	4
1	6	8	5	4	3	9	2	7
9	4	7	6	2	8	3	1	5
8	7	3	1	5	6	4	9	2
2	1	9	3	8	4	7	5	6
4	5	6	2	7	9	1	3	8

Solution for Puzzle 64

1	2	5	4	6	8	9	7	3
4	3	9	7	2	1	8	5	6
6	7	8	9	5	3	1	2	4
7	5	4	1	8	6	2	3	9
2	8	6	3	9	5	7	4	1
3	9	1	2	7	4	5	6	8
5	6	3	8	1	2	4	9	7
9	1	2	6	4	7	3	8	5
8	4	7	5	3	9	6	1	2

Solution for Puzzle 65

9	3	8	5	7	4	1	6	2
2	7	4	6	8	1	9	3	5
5	1	6	9	3	2	7	4	8
8	5	7	4	6	3	2	9	1
3	6	2	8	1	9	4	5	7
4	9	1	7	2	5	6	8	3
6	2	5	3	4	7	8	1	9
7	8	9	1	5	6	3	2	4
1	4	3	2	9	8	5	7	6

Solution for Puzzle 66

2	6	3	7	4	9	5	1	8
1	5	7	6	3	8	9	2	4
4	9	8	1	5	2	3	7	6
6	4	9	3	8	7	2	5	1
7	3	2	4	1	5	8	6	9
8	1	5	2	9	6	4	3	7
5	8	6	9	7	3	1	4	2
9	2	1	5	6	4	7	8	3
3	7	4	8	2	1	6	9	5

Solution for Puzzle 67

9	6	1	7	3	8	2	5	4
7	5	3	2	1	4	6	8	9
4	2	8	6	9	5	3	7	1
1	3	9	8	4	2	7	6	5
5	8	4	1	7	6	9	2	3
2	7	6	9	5	3	4	1	8
3	4	2	5	6	1	8	9	7
8	1	7	3	2	9	5	4	6
6	9	5	4	8	7	1	3	2

Solution for Puzzle 68

7	9	2	1	5	4	3	8	6
8	1	5	3	6	2	7	4	9
6	4	3	8	7	9	1	2	5
9	7	4	2	1	8	5	6	3
5	8	6	7	9	3	2	1	4
3	2	1	6	4	5	9	7	8
2	6	9	4	3	7	8	5	1
1	5	7	9	8	6	4	3	2
4	3	8	5	2	1	6	9	7

Solution for Puzzle 69

8	2	7	9	6	1	5	3	4
4	5	3	8	7	2	6	1	9
9	6	1	5	4	3	8	2	7
1	3	4	6	9	7	2	8	5
2	8	5	3	1	4	9	7	6
7	9	6	2	8	5	3	4	1
6	4	9	1	2	8	7	5	3
3	1	2	7	5	6	4	9	8
5	7	8	4	3	9	1	6	2

Solution for Puzzle 70

2	6	7	5	1	8	9	3	4
3	4	9	7	6	2	5	1	8
8	5	1	4	3	9	6	2	7
4	2	6	8	9	1	3	7	5
9	1	3	6	7	5	8	4	2
7	8	5	2	4	3	1	9	6
1	7	8	9	2	6	4	5	3
5	3	4	1	8	7	2	6	9
6	9	2	3	5	4	7	8	1

Solution for Puzzle 71

1	2	7	5	3	4	9	8	6
8	4	6	1	9	2	3	5	7
5	9	3	8	7	6	2	1	4
7	3	1	9	2	8	4	6	5
9	8	2	6	4	5	1	7	3
6	5	4	3	1	7	8	2	9
2	6	9	7	8	3	5	4	1
3	7	8	4	5	1	6	9	2
4	1	5	2	6	9	7	3	8

Solution for Puzzle 72

9	2	3	1	8	4	7	6	5
8	5	6	7	3	9	1	4	2
7	4	1	2	6	5	8	3	9
1	7	2	6	9	3	5	8	4
3	9	5	8	4	1	2	7	6
6	8	4	5	7	2	9	1	3
2	1	7	3	5	6	4	9	8
4	3	8	9	2	7	6	5	1
5	6	9	4	1	8	3	2	7

Solution for Puzzle 73

8	1	6	2	3	9	7	5	4
4	2	5	7	8	1	6	3	9
7	3	9	4	6	5	2	8	1
6	4	1	5	2	8	9	7	3
9	7	2	3	1	4	5	6	8
3	5	8	6	9	7	1	4	2
2	6	4	1	5	3	8	9	7
5	9	3	8	7	2	4	1	6
1	8	7	9	4	6	3	2	5

Solution for Puzzle 74

8	5	2	9	6	1	3	4	7
7	9	4	5	3	2	1	8	6
6	3	1	4	7	8	2	9	5
1	6	3	2	4	7	8	5	9
4	7	5	8	9	3	6	2	1
2	8	9	1	5	6	4	7	3
9	1	8	6	2	5	7	3	4
3	4	6	7	8	9	5	1	2
5	2	7	3	1	4	9	6	8

Solution for Puzzle 75

8	2	9	7	6	3	1	5	4
6	3	7	5	1	4	2	9	8
1	5	4	2	8	9	3	7	6
5	1	2	3	4	7	8	6	9
4	7	3	8	9	6	5	1	2
9	8	6	1	2	5	7	4	3
2	4	8	6	5	1	9	3	7
7	9	5	4	3	2	6	8	1
3	6	1	9	7	8	4	2	5

Solution for Puzzle 76

3	8	2	4	5	6	7	1	9
1	4	6	8	7	9	5	3	2
5	7	9	1	3	2	8	4	6
7	1	3	9	4	8	2	6	5
2	6	5	7	1	3	9	8	4
8	9	4	6	2	5	3	7	1
4	2	8	3	9	1	6	5	7
6	5	7	2	8	4	1	9	3
9	3	1	5	6	7	4	2	8

Solution for Puzzle 77

5	7	6	3	1	2	8	4	9
1	2	9	4	5	8	7	6	3
4	8	3	6	7	9	1	2	5
3	5	8	2	4	7	6	9	1
9	4	7	1	8	6	3	5	2
2	6	1	5	9	3	4	7	8
7	3	2	9	6	1	5	8	4
8	9	4	7	3	5	2	1	6
6	1	5	8	2	4	9	3	7

Solution for Puzzle 78

6	9	5	7	8	4	1	3	2
1	4	7	9	2	3	6	5	8
2	8	3	6	5	1	9	4	7
4	7	1	3	6	2	8	9	5
9	6	8	4	7	5	2	1	3
3	5	2	1	9	8	7	6	4
7	1	4	8	3	9	5	2	6
5	3	6	2	1	7	4	8	9
8	2	9	5	4	6	3	7	1

Solution for Puzzle 79

4	5	1	7	3	6	8	2	9
8	7	9	2	5	1	4	3	6
2	3	6	4	9	8	5	1	7
9	2	5	6	4	3	7	8	1
3	1	8	9	7	5	6	4	2
7	6	4	1	8	2	3	9	5
5	4	2	8	1	7	9	6	3
6	8	7	3	2	9	1	5	4
1	9	3	5	6	4	2	7	8

Solution for Puzzle 80

6	4	1	8	2	7	3	9	5
8	5	3	1	9	6	4	2	7
7	9	2	3	5	4	1	8	6
3	8	9	6	1	5	2	7	4
1	6	4	7	3	2	8	5	9
2	7	5	4	8	9	6	3	1
9	1	8	5	6	3	7	4	2
4	2	6	9	7	8	5	1	3
5	3	7	2	4	1	9	6	8

Solution for Puzzle 81

3	7	1	6	2	9	4	8	5
8	9	5	4	1	3	7	2	6
6	2	4	7	5	8	3	9	1
9	8	2	5	6	4	1	3	7
4	3	7	1	8	2	5	6	9
1	5	6	9	3	7	2	4	8
2	1	3	8	7	6	9	5	4
7	6	9	3	4	5	8	1	2
5	4	8	2	9	1	6	7	3

Solution for Puzzle 82

9	2	3	7	1	8	4	6	5
8	1	7	4	6	5	9	2	3
4	5	6	2	3	9	1	7	8
5	3	2	6	4	1	8	9	7
1	6	4	9	8	7	5	3	2
7	8	9	3	5	2	6	4	1
3	9	5	8	7	6	2	1	4
2	7	1	5	9	4	3	8	6
6	4	8	1	2	3	7	5	9

Solution for Puzzle 83

3	5	2	9	8	7	4	6	1
8	7	9	4	6	1	5	3	2
6	1	4	3	5	2	8	9	7
2	9	3	6	4	5	1	7	8
5	4	6	7	1	8	3	2	9
1	8	7	2	9	3	6	4	5
4	6	8	5	7	9	2	1	3
7	2	1	8	3	6	9	5	4
9	3	5	1	2	4	7	8	6

Solution for Puzzle 84

2	8	4	7	6	1	9	3	5
5	6	3	8	9	4	2	7	1
1	9	7	3	5	2	4	6	8
6	7	8	9	3	5	1	4	2
4	3	1	2	7	8	5	9	6
9	2	5	1	4	6	7	8	3
8	1	9	6	2	7	3	5	4
7	5	6	4	1	3	8	2	9
3	4	2	5	8	9	6	1	7

Solution for Puzzle 85

1	3	5	7	2	6	8	4	9
9	8	7	5	1	4	6	3	2
2	4	6	9	3	8	1	7	5
5	7	8	1	6	2	4	9	3
3	6	2	4	7	9	5	8	1
4	1	9	8	5	3	2	6	7
7	2	4	6	9	1	3	5	8
8	5	1	3	4	7	9	2	6
6	9	3	2	8	5	7	1	4

Solution for Puzzle 86

1	3	4	2	7	5	9	6	8
5	2	8	1	9	6	3	7	4
6	7	9	3	8	4	2	5	1
3	4	5	6	1	9	7	8	2
2	9	1	8	5	7	6	4	3
7	8	6	4	2	3	5	1	9
9	6	3	7	4	8	1	2	5
4	5	2	9	6	1	8	3	7
8	1	7	5	3	2	4	9	6

Solution for Puzzle 87

3	1	4	8	2	9	6	5	7
9	7	8	6	1	5	4	3	2
5	6	2	7	3	4	9	8	1
2	3	6	9	8	1	7	4	5
7	8	5	3	4	6	1	2	9
1	4	9	5	7	2	3	6	8
4	2	7	1	6	8	5	9	3
8	9	3	4	5	7	2	1	6
6	5	1	2	9	3	8	7	4

Solution for Puzzle 88

5	7	6	3	1	2	8	4	9
9	8	1	7	4	6	3	2	5
4	2	3	9	5	8	7	1	6
2	1	9	5	8	3	4	6	7
6	5	8	4	7	1	9	3	2
3	4	7	2	6	9	1	5	8
7	6	2	1	9	4	5	8	3
8	9	4	6	3	5	2	7	1
1	3	5	8	2	7	6	9	4

Solution for Puzzle 89

1	6	3	9	7	8	2	4	5
7	9	8	5	2	4	3	1	6
2	5	4	3	1	6	9	7	8
3	4	9	8	6	5	1	2	7
5	1	2	4	9	7	8	6	3
6	8	7	1	3	2	4	5	9
9	2	5	7	8	1	6	3	4
8	7	1	6	4	3	5	9	2
4	3	6	2	5	9	7	8	1

Solution for Puzzle 90

6	4	7	5	8	9	2	3	1
3	5	1	4	6	2	9	8	7
8	2	9	1	3	7	4	6	5
9	7	6	2	4	3	5	1	8
4	3	2	8	5	1	6	7	9
5	1	8	9	7	6	3	4	2
1	6	5	3	2	8	7	9	4
2	8	3	7	9	4	1	5	6
7	9	4	6	1	5	8	2	3

Solution for Puzzle 91

9	8	6	4	1	2	3	5	7
4	5	2	8	3	7	1	6	9
1	7	3	5	9	6	8	2	4
2	3	1	7	8	4	5	9	6
6	4	5	9	2	3	7	1	8
7	9	8	1	6	5	2	4	3
8	1	4	3	5	9	6	7	2
3	2	9	6	7	1	4	8	5
5	6	7	2	4	8	9	3	1

Solution for Puzzle 92

5	4	6	7	3	1	2	8	9
9	8	2	6	5	4	1	7	3
3	1	7	9	8	2	4	5	6
4	2	1	5	9	3	7	6	8
7	3	5	8	4	6	9	2	1
6	9	8	1	2	7	3	4	5
1	5	4	2	6	9	8	3	7
8	7	3	4	1	5	6	9	2
2	6	9	3	7	8	5	1	4

Solution for Puzzle 93

4	8	6	7	1	3	2	9	5
7	1	2	9	5	6	3	4	8
9	3	5	8	2	4	7	1	6
8	2	7	4	6	1	9	5	3
6	5	9	3	7	2	4	8	1
3	4	1	5	8	9	6	7	2
2	7	3	1	9	8	5	6	4
1	9	4	6	3	5	8	2	7
5	6	8	2	4	7	1	3	9

Solution for Puzzle 94

5	9	4	7	2	3	1	8	6
6	1	8	4	9	5	2	7	3
2	7	3	6	1	8	9	4	5
9	4	1	8	7	6	3	5	2
3	5	2	1	4	9	7	6	8
8	6	7	3	5	2	4	1	9
1	2	9	5	6	7	8	3	4
7	3	5	9	8	4	6	2	1
4	8	6	2	3	1	5	9	7

Solution for Puzzle 95

1	6	4	3	5	2	9	7	8
8	3	2	6	7	9	1	5	4
5	7	9	8	4	1	6	2	3
6	4	1	2	3	7	8	9	5
7	5	8	9	6	4	3	1	2
9	2	3	1	8	5	4	6	7
3	8	5	7	9	6	2	4	1
4	1	6	5	2	8	7	3	9
2	9	7	4	1	3	5	8	6

Solution for Puzzle 96

5	7	2	1	6	3	8	4	9
3	9	6	8	5	4	2	7	1
4	8	1	9	7	2	3	6	5
2	5	3	6	4	8	9	1	7
6	1	7	2	3	9	5	8	4
8	4	9	5	1	7	6	2	3
9	6	5	7	2	1	4	3	8
1	3	8	4	9	6	7	5	2
7	2	4	3	8	5	1	9	6

Solution for Puzzle 97

7	3	5	4	6	8	2	1	9
6	9	8	2	7	1	4	5	3
4	2	1	9	3	5	6	8	7
2	6	9	7	8	3	1	4	5
1	5	4	6	9	2	3	7	8
8	7	3	1	5	4	9	2	6
9	8	2	5	4	6	7	3	1
3	1	7	8	2	9	5	6	4
5	4	6	3	1	7	8	9	2

Solution for Puzzle 98

8	4	7	6	5	9	1	2	3
2	3	9	8	7	1	5	6	4
6	5	1	3	2	4	8	7	9
4	8	2	1	9	3	7	5	6
5	9	3	2	6	7	4	8	1
7	1	6	5	4	8	9	3	2
9	6	5	4	8	2	3	1	7
1	2	4	7	3	5	6	9	8
3	7	8	9	1	6	2	4	5

Solution for Puzzle 99

8	9	4	7	5	3	1	2	6
3	2	1	4	6	8	7	9	5
6	5	7	1	9	2	4	3	8
9	4	5	6	8	1	3	7	2
1	6	8	2	3	7	5	4	9
2	7	3	5	4	9	6	8	1
7	8	6	9	1	4	2	5	3
4	1	9	3	2	5	8	6	7
5	3	2	8	7	6	9	1	4

Solution for Puzzle 100

4	6	7	5	3	9	1	2	8
2	9	3	4	1	8	5	6	7
1	8	5	6	7	2	4	9	3
5	1	8	7	9	6	2	3	4
9	2	4	3	8	5	6	7	1
3	7	6	1	2	4	9	8	5
6	4	2	8	5	7	3	1	9
8	5	1	9	6	3	7	4	2
7	3	9	2	4	1	8	5	6

Solution for Puzzle 101

5	1	2	7	4	6	9	8	3
6	8	9	3	2	1	7	5	4
3	7	4	8	9	5	1	2	6
8	3	5	6	7	4	2	1	9
4	9	7	1	3	2	8	6	5
2	6	1	9	5	8	3	4	7
7	2	6	4	8	9	5	3	1
1	5	3	2	6	7	4	9	8
9	4	8	5	1	3	6	7	2

Solution for Puzzle 102

3	9	2	4	1	6	5	8	7
7	6	8	3	2	5	9	4	1
1	4	5	8	9	7	6	3	2
4	2	3	6	8	1	7	9	5
5	7	9	2	4	3	1	6	8
6	8	1	7	5	9	3	2	4
9	1	4	5	3	2	8	7	6
2	5	6	9	7	8	4	1	3
8	3	7	1	6	4	2	5	9

Solution for Puzzle 103

4	8	9	6	3	7	5	2	1
2	1	6	8	5	4	7	3	9
3	7	5	9	1	2	8	6	4
1	5	7	3	9	8	2	4	6
9	6	2	1	4	5	3	8	7
8	3	4	2	7	6	9	1	5
6	9	3	7	8	1	4	5	2
7	4	1	5	2	3	6	9	8
5	2	8	4	6	9	1	7	3

Solution for Puzzle 104

7	8	5	2	4	9	6	3	1
1	4	9	8	6	3	5	7	2
2	6	3	1	5	7	4	9	8
8	9	7	6	1	5	3	2	4
6	3	2	7	9	4	8	1	5
4	5	1	3	8	2	7	6	9
3	2	4	5	7	1	9	8	6
5	7	8	9	2	6	1	4	3
9	1	6	4	3	8	2	5	7

Solution for Puzzle 105

3	1	2	5	9	6	8	4	7
5	6	4	2	8	7	1	9	3
9	8	7	3	1	4	6	2	5
4	5	8	1	6	2	7	3	9
7	9	3	8	4	5	2	6	1
1	2	6	7	3	9	5	8	4
8	7	9	6	5	3	4	1	2
2	3	1	4	7	8	9	5	6
6	4	5	9	2	1	3	7	8

Solution for Puzzle 106

5	7	2	3	4	1	6	8	9
8	1	3	9	6	7	4	2	5
6	4	9	8	2	5	7	1	3
4	5	8	2	7	3	1	9	6
1	2	6	4	9	8	5	3	7
3	9	7	5	1	6	8	4	2
2	6	5	1	8	9	3	7	4
7	8	4	6	3	2	9	5	1
9	3	1	7	5	4	2	6	8

Solution for Puzzle 107

8	5	3	1	7	9	2	4	6
4	7	2	6	8	5	9	1	3
9	1	6	2	4	3	7	8	5
1	9	5	8	2	7	6	3	4
2	8	4	3	6	1	5	7	9
3	6	7	9	5	4	1	2	8
6	4	8	5	1	2	3	9	7
5	2	9	7	3	8	4	6	1
7	3	1	4	9	6	8	5	2

Solution for Puzzle 108

8	2	5	3	4	6	9	1	7
4	1	7	9	2	5	6	3	8
6	3	9	1	7	8	2	5	4
3	6	1	8	5	4	7	9	2
9	4	8	7	3	2	5	6	1
7	5	2	6	9	1	8	4	3
2	7	6	4	1	9	3	8	5
5	9	4	2	8	3	1	7	6
1	8	3	5	6	7	4	2	9

Solution for Puzzle 109

9	1	7	2	3	6	5	4	8
2	8	6	1	5	4	9	7	3
5	3	4	7	9	8	1	2	6
8	4	3	9	6	1	7	5	2
6	7	9	4	2	5	3	8	1
1	5	2	8	7	3	6	9	4
4	6	1	5	8	7	2	3	9
7	9	8	3	1	2	4	6	5
3	2	5	6	4	9	8	1	7

Solution for Puzzle 110

5	4	7	3	8	9	1	6	2
2	6	1	7	5	4	8	3	9
8	3	9	6	2	1	4	7	5
6	8	5	2	1	3	9	4	7
4	1	3	9	7	8	5	2	6
9	7	2	4	6	5	3	8	1
1	2	8	5	4	6	7	9	3
7	9	4	1	3	2	6	5	8
3	5	6	8	9	7	2	1	4

Solution for Puzzle 111

5	8	3	6	7	4	2	1	9
7	4	9	1	3	2	8	6	5
1	2	6	9	5	8	3	4	7
6	7	2	4	8	9	5	3	1
3	1	5	2	6	7	4	9	8
8	9	4	5	1	3	6	7	2
2	5	1	7	4	6	9	8	3
9	6	8	3	2	1	7	5	4
4	3	7	8	9	5	1	2	6

Solution for Puzzle 112

8	6	9	7	4	3	1	2	5
7	2	1	5	6	9	4	3	8
3	4	5	8	2	1	7	9	6
2	1	6	9	8	4	5	7	3
5	3	7	2	1	6	9	8	4
9	8	4	3	5	7	2	6	1
1	7	2	4	3	8	6	5	9
4	5	3	6	9	2	8	1	7
6	9	8	1	7	5	3	4	2

Solution for Puzzle 113

8	5	4	9	6	1	2	7	3
6	7	9	3	4	2	8	1	5
1	2	3	5	8	7	6	4	9
4	9	1	7	5	8	3	2	6
7	3	2	6	1	9	5	8	4
5	6	8	2	3	4	1	9	7
3	8	7	4	2	6	9	5	1
9	1	5	8	7	3	4	6	2
2	4	6	1	9	5	7	3	8

Solution for Puzzle 114

9	3	8	7	1	2	6	5	4
1	5	2	8	4	6	7	3	9
4	7	6	5	3	9	2	1	8
5	8	7	4	6	3	9	2	1
6	1	3	2	9	8	4	7	5
2	9	4	1	7	5	3	8	6
3	2	1	6	5	4	8	9	7
8	4	5	9	2	7	1	6	3
7	6	9	3	8	1	5	4	2

Solution for Puzzle 115

6	1	3	4	5	8	7	9	2
9	4	5	2	7	6	1	8	3
7	2	8	3	1	9	5	4	6
5	9	2	7	3	1	4	6	8
3	7	1	8	6	4	9	2	5
4	8	6	5	9	2	3	1	7
1	5	4	6	8	3	2	7	9
2	6	7	9	4	5	8	3	1
8	3	9	1	2	7	6	5	4

Solution for Puzzle 116

9	6	5	8	4	1	3	2	7
7	4	8	6	3	2	5	9	1
1	2	3	9	7	5	4	8	6
8	9	2	5	6	3	7	1	4
5	7	1	2	8	4	6	3	9
6	3	4	7	1	9	8	5	2
4	1	9	3	5	7	2	6	8
3	8	7	1	2	6	9	4	5
2	5	6	4	9	8	1	7	3

Solution for Puzzle 117

6	7	3	5	4	9	8	2	1
8	5	4	1	2	6	9	7	3
9	2	1	8	3	7	4	5	6
5	4	9	7	6	3	1	8	2
1	8	6	4	5	2	7	3	9
7	3	2	9	1	8	5	6	4
4	6	8	2	7	1	3	9	5
2	1	7	3	9	5	6	4	8
3	9	5	6	8	4	2	1	7

Solution for Puzzle 118

4	8	6	9	1	3	2	5	7
7	2	5	4	6	8	1	9	3
9	1	3	7	2	5	8	4	6
5	9	2	8	3	4	6	7	1
1	3	4	5	7	6	9	8	2
6	7	8	1	9	2	5	3	4
2	5	9	6	4	7	3	1	8
3	4	1	2	8	9	7	6	5
8	6	7	3	5	1	4	2	9

Solution for Puzzle 119

9	7	8	3	5	1	6	4	2
1	4	5	9	2	6	3	7	8
6	3	2	4	8	7	1	5	9
8	9	7	2	4	3	5	6	1
5	1	4	7	6	8	9	2	3
3	2	6	1	9	5	4	8	7
4	8	1	6	7	9	2	3	5
2	5	3	8	1	4	7	9	6
7	6	9	5	3	2	8	1	4

Solution for Puzzle 120

6	7	4	3	9	5	2	1	8
2	9	8	7	4	1	6	5	3
3	1	5	2	6	8	4	9	7
8	4	9	1	7	2	3	6	5
5	3	1	6	8	4	7	2	9
7	2	6	9	5	3	8	4	1
9	6	3	5	2	7	1	8	4
4	5	7	8	1	6	9	3	2
1	8	2	4	3	9	5	7	6

Solution for Puzzle 121

4	5	8	6	1	3	9	7	2
3	2	6	8	9	7	5	4	1
7	9	1	4	5	2	3	6	8
2	8	7	9	4	6	1	5	3
6	4	5	3	2	1	7	8	9
1	3	9	7	8	5	4	2	6
9	6	4	1	7	8	2	3	5
8	1	2	5	3	4	6	9	7
5	7	3	2	6	9	8	1	4

Solution for Puzzle 122

3	1	2	8	6	9	4	5	7
7	6	4	1	5	2	3	8	9
8	5	9	7	3	4	6	2	1
4	9	8	2	7	6	1	3	5
5	3	1	4	9	8	2	7	6
2	7	6	5	1	3	8	9	4
9	8	5	6	2	1	7	4	3
1	2	3	9	4	7	5	6	8
6	4	7	3	8	5	9	1	2

Solution for Puzzle 123

8	3	1	4	9	2	5	7	6
9	2	6	5	8	7	3	1	4
7	4	5	1	3	6	2	9	8
5	9	3	8	6	1	4	2	7
4	6	7	9	2	5	8	3	1
1	8	2	7	4	3	6	5	9
6	7	8	2	5	9	1	4	3
2	1	4	3	7	8	9	6	5
3	5	9	6	1	4	7	8	2

Solution for Puzzle 124

8	3	5	6	7	4	2	1	9
4	9	7	1	3	2	8	6	5
2	6	1	9	5	8	3	4	7
9	4	8	5	1	3	6	7	2
7	2	6	4	8	9	5	3	1
1	5	3	2	6	7	4	9	8
5	1	2	7	4	6	9	8	3
6	8	9	3	2	1	7	5	4
3	7	4	8	9	5	1	2	6

Solution for Puzzle 125

4	9	3	6	2	8	7	1	5
6	2	1	5	7	3	9	8	4
8	5	7	4	9	1	2	3	6
9	7	8	3	5	6	1	4	2
2	1	6	9	4	7	3	5	8
5	3	4	8	1	2	6	9	7
1	4	2	7	3	5	8	6	9
7	8	5	1	6	9	4	2	3
3	6	9	2	8	4	5	7	1

Solution for Puzzle 126

6	7	3	8	4	9	5	1	2
8	4	5	1	2	6	7	9	3
9	2	1	7	3	5	8	4	6
1	5	4	6	9	2	3	7	8
2	6	7	3	8	4	9	5	1
3	8	9	5	1	7	2	6	4
5	3	2	4	7	1	6	8	9
4	9	6	2	5	8	1	3	7
7	1	8	9	6	3	4	2	5

Solution for Puzzle 127

5	7	9	2	8	1	6	4	3
4	3	6	7	9	5	8	2	1
2	1	8	4	3	6	9	7	5
6	5	3	8	7	4	2	1	9
8	4	2	3	1	9	5	6	7
1	9	7	5	6	2	3	8	4
3	2	1	9	4	8	7	5	6
9	6	5	1	2	7	4	3	8
7	8	4	6	5	3	1	9	2

Solution for Puzzle 128

8	4	3	6	5	2	9	1	7
9	5	2	7	3	1	8	6	4
1	6	7	9	8	4	2	3	5
4	9	5	2	7	6	3	8	1
7	3	6	5	1	8	4	2	9
2	1	8	3	4	9	7	5	6
3	2	1	4	9	5	6	7	8
5	7	9	8	6	3	1	4	2
6	8	4	1	2	7	5	9	3

Solution for Puzzle 129

8	1	3	7	2	9	6	5	4
6	2	4	5	3	8	7	1	9
5	9	7	6	1	4	3	8	2
7	5	9	4	8	1	2	3	6
3	6	1	9	7	2	5	4	8
4	8	2	3	6	5	1	9	7
2	4	8	1	5	7	9	6	3
1	7	6	8	9	3	4	2	5
9	3	5	2	4	6	8	7	1

Solution for Puzzle 130

6	4	9	5	3	1	8	2	7
3	7	5	8	4	2	1	9	6
2	8	1	6	9	7	3	4	5
9	5	2	4	6	3	7	8	1
4	1	6	7	8	5	9	3	2
7	3	8	2	1	9	5	6	4
5	6	4	9	7	8	2	1	3
1	9	7	3	2	6	4	5	8
8	2	3	1	5	4	6	7	9

Solution for Puzzle 131

6	4	7	2	3	8	9	1	5
1	8	9	7	6	5	3	2	4
2	5	3	4	1	9	7	8	6
4	6	8	3	9	2	5	7	1
7	1	5	8	4	6	2	9	3
9	3	2	1	5	7	6	4	8
5	7	6	9	8	1	4	3	2
3	9	1	5	2	4	8	6	7
8	2	4	6	7	3	1	5	9

Solution for Puzzle 132

4	6	9	7	1	5	3	8	2
2	5	7	4	3	8	6	9	1
1	3	8	9	2	6	5	7	4
8	1	3	2	6	7	4	5	9
7	4	6	1	5	9	8	2	3
5	9	2	3	8	4	7	1	6
9	8	1	5	4	3	2	6	7
6	2	4	8	7	1	9	3	5
3	7	5	6	9	2	1	4	8

Solution for Puzzle 133

2	3	8	1	7	4	6	9	5
6	7	4	3	9	5	1	8	2
1	9	5	6	8	2	3	7	4
9	5	1	2	4	7	8	3	6
7	8	6	5	3	1	4	2	9
3	4	2	9	6	8	7	5	1
8	2	3	4	1	9	5	6	7
4	6	9	7	5	3	2	1	8
5	1	7	8	2	6	9	4	3

Solution for Puzzle 134

7	3	5	6	8	4	1	9	2
8	4	9	2	5	1	3	6	7
1	2	6	3	7	9	5	8	4
6	9	2	8	3	7	4	1	5
3	8	4	1	9	5	7	2	6
5	1	7	4	2	6	9	3	8
4	7	1	9	6	8	2	5	3
2	5	8	7	1	3	6	4	9
9	6	3	5	4	2	8	7	1

Solution for Puzzle 135

1	8	2	9	6	7	5	3	4
9	5	6	3	8	4	1	7	2
3	7	4	2	5	1	9	8	6
5	1	7	4	2	3	8	6	9
2	6	9	1	7	8	3	4	5
8	4	3	5	9	6	2	1	7
7	3	5	6	1	2	4	9	8
6	2	1	8	4	9	7	5	3
4	9	8	7	3	5	6	2	1

Solution for Puzzle 136

2	4	6	7	8	5	3	1	9
3	9	8	1	4	2	7	5	6
7	5	1	3	6	9	8	2	4
6	8	9	5	2	3	4	7	1
4	7	5	8	1	6	2	9	3
1	2	3	4	9	7	5	6	8
9	1	4	2	7	8	6	3	5
5	6	7	9	3	4	1	8	2
8	3	2	6	5	1	9	4	7

Solution for Puzzle 137

8	1	9	4	2	3	6	5	7
2	4	6	1	7	5	8	9	3
5	7	3	8	6	9	1	4	2
4	9	7	5	3	6	2	1	8
6	2	5	9	8	1	7	3	4
1	3	8	7	4	2	9	6	5
7	8	1	6	5	4	3	2	9
3	6	4	2	9	8	5	7	1
9	5	2	3	1	7	4	8	6

Solution for Puzzle 138

1	2	3	7	5	8	4	9	6
8	5	4	1	9	6	7	3	2
6	7	9	2	3	4	1	5	8
7	3	2	9	6	1	8	4	5
5	6	8	4	2	3	9	7	1
4	9	1	8	7	5	2	6	3
9	1	5	3	8	7	6	2	4
2	4	6	5	1	9	3	8	7
3	8	7	6	4	2	5	1	9

Solution for Puzzle 139

3	1	5	7	2	9	8	6	4
9	6	4	1	8	5	3	7	2
2	8	7	3	4	6	9	5	1
6	3	2	9	5	7	4	1	8
1	7	8	4	6	2	5	3	9
5	4	9	8	3	1	7	2	6
8	5	6	2	9	3	1	4	7
7	9	3	6	1	4	2	8	5
4	2	1	5	7	8	6	9	3

Solution for Puzzle 140

8	7	1	6	3	9	5	4	2
9	4	2	1	5	7	3	8	6
6	3	5	2	8	4	1	9	7
2	9	4	5	7	3	6	1	8
1	5	6	8	4	2	7	3	9
3	8	7	9	6	1	2	5	4
7	1	9	3	2	8	4	6	5
5	2	8	4	1	6	9	7	3
4	6	3	7	9	5	8	2	1

Solution for Puzzle 141

4	2	6	3	7	8	5	9	1
8	3	7	5	9	1	6	2	4
1	9	5	6	4	2	3	7	8
7	6	9	1	8	5	2	4	3
2	1	3	4	6	9	7	8	5
5	8	4	7	2	3	1	6	9
9	4	1	2	3	6	8	5	7
3	7	2	8	5	4	9	1	6
6	5	8	9	1	7	4	3	2

Solution for Puzzle 142

5	6	3	9	1	4	2	7	8
9	2	4	8	5	7	1	6	3
8	1	7	6	3	2	4	9	5
2	7	8	3	9	1	6	5	4
3	4	6	7	2	5	9	8	1
1	5	9	4	8	6	7	3	2
4	9	2	5	7	3	8	1	6
7	3	1	2	6	8	5	4	9
6	8	5	1	4	9	3	2	7

Solution for Puzzle 143

9	3	2	7	8	5	1	6	4
8	5	1	4	2	6	7	9	3
4	7	6	3	1	9	5	2	8
3	1	4	5	6	8	2	7	9
5	2	9	1	7	4	3	8	6
7	6	8	2	9	3	4	1	5
2	9	5	8	3	7	6	4	1
1	8	3	6	4	2	9	5	7
6	4	7	9	5	1	8	3	2

Solution for Puzzle 144

3	9	5	8	2	1	4	7	6
4	6	8	9	7	3	1	5	2
1	2	7	4	6	5	9	3	8
8	1	3	2	5	4	7	6	9
2	7	9	3	1	6	8	4	5
5	4	6	7	8	9	3	2	1
7	5	1	6	3	8	2	9	4
9	8	2	5	4	7	6	1	3
6	3	4	1	9	2	5	8	7

Solution for Puzzle 145

8	7	4	9	2	1	3	6	5
3	5	1	4	7	6	9	2	8
9	6	2	5	3	8	1	7	4
4	9	7	3	8	5	6	1	2
1	3	8	2	6	4	7	5	9
5	2	6	7	1	9	8	4	3
6	1	3	8	4	2	5	9	7
2	8	5	1	9	7	4	3	6
7	4	9	6	5	3	2	8	1

Solution for Puzzle 146

9	1	3	8	4	7	5	2	6
6	2	8	5	3	9	4	7	1
4	5	7	6	2	1	9	8	3
2	7	1	3	5	6	8	4	9
8	3	4	9	7	2	1	6	5
5	9	6	1	8	4	2	3	7
3	4	2	7	1	5	6	9	8
1	8	9	2	6	3	7	5	4
7	6	5	4	9	8	3	1	2

Solution for Puzzle 147

1	4	7	2	3	5	6	9	8
9	3	5	1	8	6	4	7	2
2	8	6	9	4	7	3	5	1
8	6	2	5	9	4	7	1	3
4	5	1	3	7	2	9	8	6
7	9	3	6	1	8	5	2	4
6	1	9	8	5	3	2	4	7
5	2	4	7	6	1	8	3	9
3	7	8	4	2	9	1	6	5

Solution for Puzzle 148

8	5	4	7	2	3	1	9	6
2	9	7	6	1	8	5	3	4
1	6	3	5	4	9	7	2	8
9	3	2	1	7	4	6	8	5
7	8	5	9	3	6	4	1	2
4	1	6	8	5	2	3	7	9
6	2	1	3	9	5	8	4	7
5	7	9	4	8	1	2	6	3
3	4	8	2	6	7	9	5	1

Solution for Puzzle 149

3	5	6	4	9	1	8	2	7
4	9	2	7	8	5	3	1	6
7	8	1	2	6	3	5	4	9
6	3	4	5	7	2	1	9	8
9	1	5	6	4	8	2	7	3
8	2	7	1	3	9	4	6	5
5	6	8	9	1	4	7	3	2
2	4	9	3	5	7	6	8	1
1	7	3	8	2	6	9	5	4

Solution for Puzzle 150

1	2	9	8	6	5	3	4	7
3	8	7	1	4	9	5	2	6
4	6	5	3	7	2	9	8	1
7	9	2	5	3	8	6	1	4
6	5	1	7	2	4	8	9	3
8	4	3	6	9	1	2	7	5
5	7	4	9	8	6	1	3	2
9	3	6	2	1	7	4	5	8
2	1	8	4	5	3	7	6	9

Solution for Puzzle 151

8	7	3	2	6	1	9	5	4
6	5	2	8	4	9	1	3	7
1	4	9	5	7	3	8	6	2
9	6	1	7	2	8	3	4	5
5	2	8	3	9	4	6	7	1
7	3	4	6	1	5	2	9	8
4	8	5	9	3	2	7	1	6
2	9	7	1	5	6	4	8	3
3	1	6	4	8	7	5	2	9

Solution for Puzzle 152

2	8	5	9	6	1	7	4	3
9	1	4	5	3	7	8	6	2
6	3	7	8	4	2	1	9	5
8	7	3	6	1	5	4	2	9
5	4	6	2	7	9	3	8	1
1	2	9	3	8	4	6	5	7
7	6	2	4	5	3	9	1	8
3	5	8	1	9	6	2	7	4
4	9	1	7	2	8	5	3	6

Solution for Puzzle 153

4	7	6	2	3	8	1	9	5
5	8	3	1	4	9	6	2	7
9	2	1	6	7	5	3	4	8
8	1	5	4	9	2	7	3	6
2	6	4	7	5	3	9	8	1
3	9	7	8	1	6	2	5	4
7	5	9	3	6	4	8	1	2
6	4	2	9	8	1	5	7	3
1	3	8	5	2	7	4	6	9

Solution for Puzzle 154

4	1	5	9	6	2	3	7	8
7	2	6	3	4	8	9	5	1
9	8	3	1	7	5	4	6	2
8	3	4	6	2	7	5	1	9
1	7	2	4	5	9	6	8	3
5	6	9	8	3	1	2	4	7
3	5	7	2	1	6	8	9	4
2	9	1	5	8	4	7	3	6
6	4	8	7	9	3	1	2	5

Solution for Puzzle 155

8	2	4	6	7	3	5	1	9
6	5	1	9	8	4	2	3	7
9	3	7	2	5	1	6	4	8
7	6	2	3	4	9	8	5	1
5	1	3	7	2	8	4	9	6
4	8	9	1	6	5	7	2	3
3	4	8	5	9	7	1	6	2
1	7	6	4	3	2	9	8	5
2	9	5	8	1	6	3	7	4

Solution for Puzzle 156

6	1	9	3	4	8	7	2	5
2	3	7	5	1	6	9	8	4
5	8	4	7	2	9	3	6	1
1	5	6	2	3	7	4	9	8
9	4	3	8	5	1	6	7	2
7	2	8	9	6	4	5	1	3
4	6	2	1	9	5	8	3	7
3	7	5	6	8	2	1	4	9
8	9	1	4	7	3	2	5	6

Solution for Puzzle 157

3	2	7	8	9	1	6	4	5
5	6	9	4	3	2	7	8	1
8	1	4	5	7	6	2	3	9
7	9	1	2	8	3	5	6	4
6	5	2	9	1	4	3	7	8
4	8	3	6	5	7	9	1	2
2	7	8	3	4	9	1	5	6
1	4	6	7	2	5	8	9	3
9	3	5	1	6	8	4	2	7

Solution for Puzzle 158

5	6	3	4	2	9	7	1	8
4	7	9	8	1	5	3	2	6
1	2	8	3	7	6	5	9	4
2	8	5	7	9	1	6	4	3
9	3	1	6	4	8	2	5	7
6	4	7	2	5	3	1	8	9
3	9	4	5	6	2	8	7	1
7	5	6	1	8	4	9	3	2
8	1	2	9	3	7	4	6	5

Solution for Puzzle 159

3	2	8	1	5	6	7	9	4
1	6	7	2	9	4	3	5	8
5	9	4	8	7	3	6	2	1
8	4	6	7	3	2	9	1	5
2	3	1	5	6	9	8	4	7
9	7	5	4	8	1	2	3	6
6	5	2	3	1	7	4	8	9
7	8	3	9	4	5	1	6	2
4	1	9	6	2	8	5	7	3

Solution for Puzzle 160

5	7	1	9	8	6	2	3	4
4	3	8	2	7	1	6	9	5
2	6	9	5	4	3	8	7	1
1	2	4	3	5	8	9	6	7
7	9	3	6	1	4	5	2	8
8	5	6	7	9	2	4	1	3
9	8	5	1	6	7	3	4	2
3	4	7	8	2	9	1	5	6
6	1	2	4	3	5	7	8	9

Solution for Puzzle 161

6	2	4	9	8	3	5	1	7
5	1	9	7	2	6	8	3	4
7	8	3	4	1	5	2	9	6
2	5	1	6	4	8	3	7	9
3	6	7	2	9	1	4	5	8
9	4	8	3	5	7	6	2	1
1	9	5	8	3	4	7	6	2
4	7	2	5	6	9	1	8	3
8	3	6	1	7	2	9	4	5

Solution for Puzzle 162

1	4	6	5	9	8	2	7	3
8	2	9	6	3	7	1	5	4
7	5	3	4	2	1	8	9	6
9	7	8	3	1	6	5	4	2
4	3	1	2	8	5	9	6	7
2	6	5	7	4	9	3	1	8
5	8	4	1	7	3	6	2	9
3	1	2	9	6	4	7	8	5
6	9	7	8	5	2	4	3	1

Solution for Puzzle 163

3	1	9	5	7	8	2	6	4
8	7	2	6	4	1	9	5	3
5	4	6	2	3	9	8	1	7
9	6	4	7	1	5	3	8	2
7	3	5	8	6	2	1	4	9
1	2	8	4	9	3	6	7	5
4	9	7	3	8	6	5	2	1
2	8	3	1	5	7	4	9	6
6	5	1	9	2	4	7	3	8

Solution for Puzzle 164

9	7	2	6	1	3	5	8	4
8	3	4	2	5	7	6	1	9
6	5	1	8	4	9	2	3	7
4	9	6	1	3	5	7	2	8
7	2	3	9	8	4	1	5	6
1	8	5	7	2	6	9	4	3
5	1	9	3	7	8	4	6	2
2	6	8	4	9	1	3	7	5
3	4	7	5	6	2	8	9	1

Solution for Puzzle 165

5	1	6	8	9	4	2	7	3
2	7	8	3	1	5	9	4	6
4	9	3	2	7	6	8	1	5
3	2	7	4	8	9	5	6	1
1	6	9	5	2	7	3	8	4
8	5	4	1	6	3	7	9	2
6	4	2	7	3	8	1	5	9
9	8	1	6	5	2	4	3	7
7	3	5	9	4	1	6	2	8

Solution for Puzzle 166

7	6	3	8	1	5	4	9	2
8	1	4	3	2	9	7	5	6
5	2	9	7	6	4	1	8	3
6	7	1	2	5	8	9	3	4
2	9	8	6	4	3	5	1	7
4	3	5	9	7	1	2	6	8
1	5	7	4	3	6	8	2	9
9	4	6	1	8	2	3	7	5
3	8	2	5	9	7	6	4	1

Solution for Puzzle 167

2	6	3	8	4	1	5	7	9
9	5	1	3	7	2	6	4	8
8	7	4	6	5	9	1	3	2
1	2	6	4	9	5	3	8	7
5	3	7	2	6	8	9	1	4
4	9	8	1	3	7	2	5	6
6	1	2	7	8	3	4	9	5
7	4	9	5	1	6	8	2	3
3	8	5	9	2	4	7	6	1

Solution for Puzzle 168

7	6	1	2	4	8	3	5	9
9	4	8	6	3	5	7	2	1
2	5	3	1	7	9	8	6	4
6	9	2	7	5	4	1	8	3
5	3	4	8	2	1	6	9	7
1	8	7	3	9	6	2	4	5
3	2	5	4	8	7	9	1	6
4	7	6	9	1	2	5	3	8
8	1	9	5	6	3	4	7	2

Solution for Puzzle 169

8	1	4	7	6	5	9	2	3
3	2	7	9	1	8	5	6	4
5	6	9	3	2	4	1	7	8
6	5	2	1	4	9	8	3	7
4	8	3	5	7	6	2	9	1
7	9	1	8	3	2	4	5	6
1	4	6	2	5	7	3	8	9
9	3	5	6	8	1	7	4	2
2	7	8	4	9	3	6	1	5

Solution for Puzzle 170

4	1	5	3	6	7	8	2	9
8	6	7	5	2	9	4	3	1
9	2	3	8	1	4	7	6	5
5	8	1	6	9	2	3	7	4
2	3	9	7	4	8	1	5	6
6	7	4	1	5	3	2	9	8
7	5	8	4	3	6	9	1	2
3	9	6	2	8	1	5	4	7
1	4	2	9	7	5	6	8	3

Solution for Puzzle 171

4	3	2	7	8	6	5	9	1
8	9	1	5	4	2	3	6	7
7	6	5	3	1	9	8	2	4
6	8	3	9	2	4	1	7	5
5	4	7	6	3	1	9	8	2
1	2	9	8	7	5	4	3	6
3	7	4	2	5	8	6	1	9
9	1	8	4	6	7	2	5	3
2	5	6	1	9	3	7	4	8

Solution for Puzzle 172

7	1	6	5	8	9	3	4	2
4	3	8	2	6	1	9	5	7
9	2	5	4	7	3	1	8	6
8	4	9	3	2	7	6	1	5
1	5	3	6	9	4	2	7	8
6	7	2	1	5	8	4	3	9
2	8	4	9	1	5	7	6	3
3	9	7	8	4	6	5	2	1
5	6	1	7	3	2	8	9	4

Solution for Puzzle 173

6	3	2	8	4	1	5	7	9
7	4	8	6	5	9	1	3	2
5	1	9	3	7	2	6	4	8
4	9	7	5	1	6	8	2	3
1	2	6	7	8	3	4	9	5
8	5	3	9	2	4	7	6	1
2	6	1	4	9	5	3	8	7
9	8	4	1	3	7	2	5	6
3	7	5	2	6	8	9	1	4

Solution for Puzzle 174

5	2	9	7	6	1	3	8	4
6	7	3	8	4	2	9	1	5
1	4	8	3	5	9	2	7	6
2	9	1	6	7	4	8	5	3
7	3	4	5	9	8	1	6	2
8	5	6	2	1	3	4	9	7
4	6	2	1	8	5	7	3	9
9	8	5	4	3	7	6	2	1
3	1	7	9	2	6	5	4	8

Solution for Puzzle 175

3	2	9	4	7	1	8	5	6
1	6	8	2	3	5	4	9	7
5	7	4	8	9	6	3	2	1
6	1	3	9	8	7	2	4	5
9	5	2	1	4	3	6	7	8
4	8	7	5	6	2	1	3	9
8	9	5	3	1	4	7	6	2
2	4	6	7	5	8	9	1	3
7	3	1	6	2	9	5	8	4

Solution for Puzzle 176

7	6	3	5	4	8	1	9	2
8	4	9	2	6	1	7	5	3
1	5	2	7	3	9	8	4	6
5	9	1	6	7	2	4	3	8
2	7	4	8	1	3	9	6	5
6	3	8	4	9	5	2	7	1
4	2	6	1	5	7	3	8	9
9	1	5	3	8	4	6	2	7
3	8	7	9	2	6	5	1	4

Solution for Puzzle 177

5	2	6	9	4	8	1	3	7
9	1	4	7	5	3	6	8	2
3	7	8	6	2	1	9	5	4
7	9	2	5	1	6	3	4	8
6	4	5	3	8	9	2	7	1
1	8	3	4	7	2	5	6	9
4	3	7	2	9	5	8	1	6
8	5	9	1	6	4	7	2	3
2	6	1	8	3	7	4	9	5

Solution for Puzzle 178

9	1	5	2	3	6	7	4	8
2	7	4	8	1	9	3	5	6
6	3	8	4	5	7	2	9	1
3	2	7	9	8	4	1	6	5
5	9	6	3	7	1	8	2	4
4	8	1	6	2	5	9	7	3
1	5	9	7	4	8	6	3	2
8	6	2	5	9	3	4	1	7
7	4	3	1	6	2	5	8	9

Solution for Puzzle 179

5	9	1	6	7	2	8	4	3
4	8	7	3	9	5	1	2	6
2	6	3	4	1	8	9	5	7
7	2	9	1	3	6	5	8	4
3	4	5	8	2	7	6	9	1
8	1	6	5	4	9	3	7	2
6	7	2	9	5	1	4	3	8
9	3	8	2	6	4	7	1	5
1	5	4	7	8	3	2	6	9

Solution for Puzzle 180

1	8	2	9	3	6	7	4	5
5	7	9	4	1	2	3	8	6
6	3	4	5	7	8	2	1	9
9	2	5	6	8	7	1	3	4
4	1	8	2	9	3	5	6	7
7	6	3	1	4	5	9	2	8
2	9	6	8	5	1	4	7	3
8	4	7	3	2	9	6	5	1
3	5	1	7	6	4	8	9	2

Solution for Puzzle 181

3	2	7	5	6	1	4	9	8
9	1	6	8	4	3	7	2	5
5	8	4	9	7	2	1	3	6
7	6	5	3	2	8	9	4	1
8	3	1	4	9	5	2	6	7
2	4	9	6	1	7	8	5	3
1	5	2	7	3	9	6	8	4
6	7	3	2	8	4	5	1	9
4	9	8	1	5	6	3	7	2

Solution for Puzzle 182

4	8	3	9	5	1	7	2	6
7	5	1	4	6	2	9	8	3
6	2	9	3	7	8	4	1	5
2	7	6	5	1	9	8	3	4
5	9	4	6	8	3	1	7	2
3	1	8	2	4	7	5	6	9
9	3	7	1	2	5	6	4	8
1	6	2	8	9	4	3	5	7
8	4	5	7	3	6	2	9	1

Solution for Puzzle 183

7	5	6	1	8	4	3	2	9
3	4	2	6	5	9	8	7	1
9	8	1	2	3	7	4	6	5
2	7	5	4	1	6	9	8	3
4	3	9	7	2	8	5	1	6
6	1	8	3	9	5	2	4	7
1	9	4	5	6	2	7	3	8
8	2	3	9	7	1	6	5	4
5	6	7	8	4	3	1	9	2

Solution for Puzzle 184

3	9	2	8	1	6	5	4	7
4	1	6	7	2	5	3	9	8
8	5	7	4	3	9	6	2	1
6	4	3	2	9	8	1	7	5
5	2	8	1	7	4	9	3	6
9	7	1	6	5	3	4	8	2
7	8	5	9	4	1	2	6	3
1	6	9	3	8	2	7	5	4
2	3	4	5	6	7	8	1	9

Solution for Puzzle 185

9	3	2	1	8	7	5	6	4
4	1	7	5	6	3	8	2	9
8	6	5	9	4	2	3	7	1
5	9	8	2	7	1	6	4	3
1	2	3	4	9	6	7	5	8
6	7	4	8	3	5	1	9	2
3	5	9	6	1	4	2	8	7
7	4	6	3	2	8	9	1	5
2	8	1	7	5	9	4	3	6

Solution for Puzzle 186

3	9	5	2	1	6	7	8	4
6	8	2	3	4	7	5	1	9
4	1	7	8	9	5	3	6	2
1	7	6	9	2	4	8	5	3
2	3	9	5	7	8	1	4	6
8	5	4	1	6	3	9	2	7
5	4	3	7	8	2	6	9	1
9	2	8	6	3	1	4	7	5
7	6	1	4	5	9	2	3	8

Solution for Puzzle 187

7	3	6	1	5	8	4	9	2
9	8	1	6	4	2	7	5	3
2	5	4	9	7	3	8	1	6
5	7	3	4	2	6	9	8	1
4	6	9	3	8	1	5	2	7
8	1	2	5	9	7	3	6	4
3	4	8	2	1	9	6	7	5
1	9	5	7	6	4	2	3	8
6	2	7	8	3	5	1	4	9

Solution for Puzzle 188

9	6	8	3	5	2	7	1	4
4	5	2	7	9	1	8	3	6
7	1	3	6	4	8	2	9	5
1	8	5	9	2	6	3	4	7
2	3	9	4	8	7	6	5	1
6	7	4	1	3	5	9	2	8
5	4	7	2	6	3	1	8	9
8	2	6	5	1	9	4	7	3
3	9	1	8	7	4	5	6	2

Solution for Puzzle 189

8	7	3	9	2	5	4	1	6
2	1	6	4	7	8	9	5	3
9	5	4	6	1	3	8	7	2
4	6	8	3	5	7	2	9	1
5	9	1	8	4	2	6	3	7
3	2	7	1	6	9	5	4	8
6	8	5	7	9	1	3	2	4
7	3	2	5	8	4	1	6	9
1	4	9	2	3	6	7	8	5

Solution for Puzzle 190

2	8	4	1	5	9	7	6	3
3	9	7	4	6	8	5	2	1
5	6	1	3	2	7	8	9	4
9	2	5	7	3	4	1	8	6
7	1	6	8	9	5	3	4	2
4	3	8	6	1	2	9	5	7
6	7	2	5	8	1	4	3	9
8	4	9	2	7	3	6	1	5
1	5	3	9	4	6	2	7	8

Solution for Puzzle 191

5	9	8	7	4	3	1	6	2
2	4	6	5	1	8	9	7	3
7	3	1	6	9	2	8	5	4
6	8	5	3	2	1	7	4	9
4	7	3	8	5	9	2	1	6
1	2	9	4	6	7	3	8	5
3	6	7	2	8	4	5	9	1
9	5	2	1	7	6	4	3	8
8	1	4	9	3	5	6	2	7

Solution for Puzzle 192

7	6	3	8	4	2	5	9	1
5	2	1	9	7	3	6	8	4
8	9	4	6	1	5	2	7	3
3	4	2	1	6	7	9	5	8
9	5	7	3	8	4	1	2	6
1	8	6	2	5	9	3	4	7
6	1	5	4	9	8	7	3	2
2	7	8	5	3	1	4	6	9
4	3	9	7	2	6	8	1	5

Solution for Puzzle 193

4	3	2	6	8	9	5	7	1
9	1	6	5	7	4	3	2	8
5	8	7	1	2	3	9	6	4
3	4	1	7	6	5	2	8	9
6	7	9	8	4	2	1	3	5
8	2	5	3	9	1	6	4	7
2	9	3	4	5	7	8	1	6
7	5	8	2	1	6	4	9	3
1	6	4	9	3	8	7	5	2

Solution for Puzzle 194

9	7	6	5	1	2	8	3	4
2	5	3	4	8	7	1	9	6
8	1	4	6	9	3	7	5	2
7	3	2	8	4	9	5	6	1
4	6	9	1	3	5	2	8	7
1	8	5	2	7	6	9	4	3
3	4	7	9	2	8	6	1	5
6	2	8	3	5	1	4	7	9
5	9	1	7	6	4	3	2	8

Solution for Puzzle 195

4	6	3	7	8	1	5	2	9
8	5	9	2	3	6	1	7	4
2	1	7	5	4	9	6	8	3
7	9	4	6	5	3	8	1	2
3	8	1	4	2	7	9	5	6
6	2	5	9	1	8	3	4	7
1	7	8	3	6	4	2	9	5
9	3	2	1	7	5	4	6	8
5	4	6	8	9	2	7	3	1

Solution for Puzzle 196

6	7	4	9	2	5	3	8	1
2	3	9	4	1	8	6	5	7
1	8	5	3	6	7	2	9	4
8	1	2	6	4	9	5	7	3
3	4	6	7	5	1	9	2	8
9	5	7	2	8	3	1	4	6
5	2	8	1	7	6	4	3	9
7	9	1	5	3	4	8	6	2
4	6	3	8	9	2	7	1	5

Solution for Puzzle 197

7	5	6	8	1	9	4	2	3
2	3	8	7	5	4	9	1	6
1	9	4	2	6	3	5	7	8
3	6	5	4	8	2	1	9	7
4	1	7	9	3	6	8	5	2
8	2	9	1	7	5	3	6	4
5	7	2	3	9	8	6	4	1
6	8	1	5	4	7	2	3	9
9	4	3	6	2	1	7	8	5

Solution for Puzzle 198

6	3	2	4	5	7	8	1	9
1	4	8	9	2	3	5	6	7
9	7	5	1	6	8	4	3	2
7	6	3	5	8	2	9	4	1
2	1	9	7	4	6	3	8	5
8	5	4	3	9	1	2	7	6
3	2	6	8	1	9	7	5	4
4	9	7	6	3	5	1	2	8
5	8	1	2	7	4	6	9	3

Solution for Puzzle 199

3	1	4	8	6	7	2	9	5
2	9	8	4	1	5	6	7	3
6	5	7	9	2	3	1	4	8
4	7	5	3	9	6	8	1	2
1	2	9	7	5	8	3	6	4
8	3	6	1	4	2	7	5	9
7	4	3	5	8	1	9	2	6
9	8	2	6	7	4	5	3	1
5	6	1	2	3	9	4	8	7

Solution for Puzzle 200

8	4	2	9	5	1	7	3	6
3	9	7	4	6	8	5	2	1
5	6	1	2	3	7	9	8	4
2	8	3	1	9	4	6	5	7
1	7	6	3	8	5	4	9	2
9	5	4	7	2	6	3	1	8
7	2	9	6	1	3	8	4	5
4	3	8	5	7	2	1	6	9
6	1	5	8	4	9	2	7	3

www.ingramcontent.com/pod-product-compliance
Lightning Source LLC
Chambersburg PA
CBHW070622220526
45466CB00001B/79